值秦皇岛市观爱鸟协会第二届组织机构换届，秦皇岛市首批观鸟、爱鸟志愿者开展湿地、鸟类保护活动二十周年之际，谨以此书献给在秦皇岛地区百年观鸟、爱鸟史中，在观鸟、爱鸟、护鸟活动中，为保护秦皇岛生态、鸟类、湿地奋斗过的每一位"鸟人"。

2003—2023
秦皇岛市观爱鸟协会
观鸟、爱鸟、护鸟二十载

秦皇岛市观爱鸟协会

爱鸟护鸟
守护家园

刘学忠　　宋金锁
陈姝聿　　李沐芷　编著

燕山大学出版社
·秦皇岛·

图书在版编目（CIP）数据

爱鸟护鸟 守护家园 / 刘学忠等编著. —秦皇岛：燕山大学出版社，2024.4
ISBN 978-7-5761-0562-9

I. ①爱… II. ①刘… III. ①鸟类－介绍－秦皇岛 IV.① Q959.708

中国国家版本馆 CIP 数据核字（2024）第 027732 号

爱鸟护鸟 守护家园
AINIAO HUNIAO SHOUHU JIAYUAN

刘学忠 宋金锁 陈妹聿 李沐芷 编著

出 版 人：陈 玉		策划编辑：方志强	
责任编辑：孙志强		封面设计：武亚男	
责任印制：吴 波		装帧设计：秦皇岛神鸟文化传播有限公司	
出版发行：燕山大学出版社 YANSHAN UNIVERSITY PRESS		电 话：0335-8387555	
地 址：河北省秦皇岛市河北大街西段 438 号		邮政编码：066004	
印 刷：秦皇岛墨缘彩印有限公司		经 销：全国新华书店	

开 本：889 mm×1194 mm 1/16		印 张：11.25	
版 次：2024 年 4 月第 1 版		印 次：2024 年 4 月第 1 次印刷	
书 号：ISBN 978-7-5761-0562-9		字 数：262 千字	
定 价：128.00 元			

绿水青山就是金山银山

我们既要绿水青山，也要金山银山。宁要绿水青山，不要金山银山，而且绿水青山就是金山银山。我们绝不能以牺牲生态环境为代价换取经济的一时发展。我们提出了建设生态文明、建设美丽中国的战略任务，给子孙留下天蓝、地绿、水净的美好家园。

——2013 年 9 月 7 日，习近平在哈萨克斯坦纳扎尔巴耶夫大学的发言

听天地自然鸣佩　一生一代秦皇人

——爱鸟者范怀良先生口述

（代序）

准老秦皇岛人

我参加工作后，曾经做过教师和新闻工作者。1975年起，担任秦皇岛市文教局副局长，同年8月，转任市委宣传部副部长。那时我才二十六七岁，是当时本市最年轻的副县级干部。1986年，担任市广播电视局局长。后来担任市委常委、秘书长和市政协副主席，先后在副县级、正县级和副厅级岗位上各工作了十年。退休前在市政协工作两年，2008年正式退休。

我两岁的时候来到了秦皇岛，不算土生也算土长，对这座城市有着深厚的感情，也称得上是老秦皇岛人。我的父亲曾是一名军人，他参加过辽沈战役、平津战役，南下打到海南岛，从南方再次北上参加了抗美援朝。就在抗美援朝开始的时候，我们全家迁到了秦皇岛。从小，我就亲眼见证了这座城市的发展，对秦皇岛的一山一水，一草一木，甚至每一个微小的变化都倍感亲切，因此我特别热爱这座城市，把秦皇岛当作自己的第二故乡。

秦皇岛历史悠久，文化遗存厚重，是历史文化名城。据传说，前215年，秦始皇先后派几批方士入海求仙。一批从山东蓬莱到了日本，另一批从秦皇岛出发，由于风浪到了现在的韩国，在当时的荒蛮之地成立了一个叫辰韩（音秦韩）的部落。这在《后汉书》里面有简单的记载。秦皇岛的名字由此而来。

秦皇岛现辖的卢龙县，是殷商时古孤竹国旧址。历史上伯夷、叔齐不食周粟的典故即出自此处。2022 年开始，作为国家、省重点文物考古项目，蔡家坟开始被挖掘，目标是找伯夷、叔齐时代的历史遗存，结果挖出了一些瓦当、陶器等。

到近代，秦皇岛发展就比较快了，1898 年清光绪帝御批，北戴河为"中外杂居"的避暑地，默许外国人进入。北戴河濒海近山，夏无酷暑，冬无严寒。正因如此，一批外国传教士到这里，逐渐发现并打造了这个休闲旅游城市的雏形，后来达官贵人鱼贯而入，才形成了北戴河这个世界闻名的避暑地。中国的休闲旅游也是从这里开始的。

秦皇岛港口原来是一个常年不淤不冻的渔港，1898 年被清光绪帝御批为通商口岸。秦皇岛港是借助唐山开滦煤矿发展起来的，因为煤炭外运必须要有输出港。1881 年中国第一条铁路——唐胥铁路动工兴建，1888 年展筑至天津，1894 年天津至山海关铁路线开通，之后铁路延伸到秦皇岛。有了铁路运煤，秦皇岛的发展就更快一些了。1900 年中国运往南非的第一批劳工就是从这里出发的。此后该港被英国人统治近半个世纪。改革开放以后，秦港吞吐量突破亿吨，在全国港口中排位第二，一直保持到 2008 年。

山海关，更古老一些，它是明长城的海上起点。明长城从老龙头起向西至嘉峪关。孟姜女哭长城的故事家喻户晓，山海关东边一座小山上的孟姜女庙，现在是人们旅游打卡的地方。

秦皇岛市区原来并没有这么大，下辖三个区：北戴河区、海港区、山海关区。1983 年，实行市管县体制，秦皇岛市由地辖市变为省辖市。从那时开始，秦皇岛就扩大了，划入了昌黎县、卢龙县、抚宁县、青龙满族自治县，加上原来的三个区，形成了三区四县的格局。2015 年抚宁撤销县的建制设为区，截止到 2022 年年底，秦皇岛辖四区三县及秦皇岛经济技术开发区、北戴河新区，陆域面积 7 802 平方公里。海域面积 1 805 平方公里，全市常住人口 309.8 万人。昌黎县是文化名县，是唐宋八大家之首、百代文宗韩愈的故乡。中共创始人之一的李大钊曾在这里写下了《我的马克思主义观》等著名文章。抚宁区曾是一代名将戚继光筑长城御外族入侵的"天马行空"之地。青龙满族自治县，历史悠久，人文荟萃。域内祖山是燕山东脉高峰，鬼斧神工，气象万千，蛩声遐迩，是旅游的好去处。花厂峪是革命老区，抗战期间，斗争艰苦惨烈，英雄辈出，此地被誉为"铜墙铁壁""固若金汤"，如今已成为红色旅游教育基地。

工业也有悠久的历史

1891 年，清政府直隶总督李鸿章在山海关设立北洋铁路局。1894 年投资白银 48 万两组建山海关造桥厂，该厂是山海关桥梁厂的前身，也是当时中国最大最早的钢桥工厂。从那时到现在，中国大部分高难跨度的钢桥（包括 19 座长江大桥、12 座黄河大桥）都是这个厂建造的。武汉长江大桥、南京长江大桥、九江长江大桥，是中国桥梁制造史上的三座里程碑，都镌刻着这家国企的印记；从港珠澳大桥到美国韦拉扎诺海峡大桥，再到孟加拉国帕德玛大桥，100余年来，这家企业从服务国内到扬帆出海，建造桥梁超3 000座，遍布世界五大洲，一次次见证"中国制造"由弱变强，再向"中国创造"的蜕变。

耀华玻璃厂被誉为"中国玻璃工业的摇篮"，1922年由中国政府和比利时合资兴建，是我国第一家合资企业。耀华玻璃厂后来拓展到天津、上海、洛阳，中国的玻璃产业就这样发展起来了。当时，玻璃产业是秦皇岛的一个支柱产业。

改革开放之后，随着高科技的迅猛发展，秦皇岛的工业门类更多，发展更快。如今，秦皇岛的高科技、重装备以及其他工业门类已跃上新台阶。不仅可以为全球任何地方造桥，生产第三代的核电设备，还可以为军工、航天业服务。但是秦皇岛跟我国同一批进一步对外开放的其他沿海开放城市相比，发展速度还是比较慢的。

长城文化和海文化

从文化的角度来看，秦皇岛有不少历史文化遗存、典故，但是我觉得最突出的还是长城。秦皇岛域内的长城，从山海关一直到青龙满族自治县，途经海港区、抚宁区、卢龙县，遗址遗存全长223.1公里，是明长城的精华段。秦皇岛有个小青年，我在广播局的时候就支持他徒步走长城，结果他从秦皇岛一直走到嘉峪关，并写了一本书详细地介绍了长城沿途的风土人情、历史文化，现在，他成了著名长城专家，任中国长城学会副会长，他就是董耀会。长城文化是秦皇岛文化的一大特点，是重要的文脉。我记得，知名旅游主持人靳羽西来秦时，考察山海关老龙头。她登上老龙头，激动地说："我在世界各地主持这么多旅游节目，只有在这里让我心潮澎湃，作为中国人，我感到骄傲自豪。"

再一个文化根脉呢，就是海文化。秦皇岛南临渤海，沙软潮平，特别适合旅游休闲。秦皇岛为什么有沿海沙滩呢？这个海沙的形成我们也做过考察，但是不一定科学。可以听听，当作一个趣闻吧。海沙与河流长度有关，如果河流过长，海滩上泥土就较多；就像黄河。黄河发源于青藏高原的巴颜喀拉山脉北麓的约古宗列盆地，流经青海、四川、甘肃、宁夏、内蒙古、山西、陕西、河南及山东9个省（自治区），最后从山东东营流入渤海。如果河流径流太短，海滩上就多是石头、河卵石；如果河流径流适当，石头从发源地被冲至海滩，会磨成沙粒，秦皇岛的沙滩就是这样形成的。

还有一种说法是，内蒙古坝上那边的大漠，刮沙尘暴，滦河把沙子运到这边。可能各种因素都造就了我们的海岸，整个120多公里长，都是沙子，每块儿地方都可以作为浴场。

古时，曹操东临碣石，在这里写下了壮丽诗篇。1954年，毛泽东纵笔挥毫，写下了不朽名篇《浪淘沙·北戴河》。

这就是秦皇岛，这就是北戴河。

最重要的还是生态

秦皇岛之所以能吸引党和国家领导人来这里休息办公，每年还有一两千万的游客到这里游览，也许是缘于它独特的城市特点、良好的旅游资源，但是最重要的应该还是这里的生态。我小的时候，海水清澈见底，小螃蟹、小鱼在海边浅滩随处可见。过去有个说法，说秦皇岛有三大怪，其中一怪，就是"刮风下雨赶礼拜"，这里雨水多，空气新鲜，绿树环绕，郁郁葱葱。这是我永远忘怀不了的童年记忆。

新中国成立后，知识青年上山下乡，天津、唐山、秦皇岛的知识青年下乡到海边来了，从海港区到昌黎滦河口50公里的海岸带，都有他们的身影。这一带原来都是30米高的沙丘。我小的时候还去那儿玩儿。新中国成立初期有部电影叫《沙漠追匪记》，就是在秦皇岛拍的，可见当时的荒凉景象。

从新中国成立初期到1976年，这些知青年年种树，他们种下槐树和其他适合沙地生长的树木，从此，这片100多里的沙丘变成了一望无际的苍翠林地。

我对这片林地有很深的感情，一个是这里有我种的树，再就是看到这里沙地成林，特别有成就感。后来我担任市委常委、市委秘书长后，主动要求在工作之余分管植树造林，那个时候搞了一个植树造林"3318"工程，大规模地植树，从2000年开始，一种就是十年，为后来秦皇岛被国家评为"绿化模范城市""森林城市"打下坚实的基础。

新中国成立初期，沿海线上的沙丘变成了长约100里的苍翠林地。

摄影：曹建雄

2023年以前，捕捉灰椋鸟后做成的"烧铁雀"，一直是山海关的地方名吃。到山海关做客，主人大多会用它来招待贵客。逢年过节，也会有人特意和商家订购，一包、一包地包装了送给长辈、客户、领导。每年在山海关被吃掉的灰椋鸟数量根本无法统计。

灰椋鸟喜欢成群活动，是有名的食虫鸟，胃溶物检查主要以天牛、金龟子、叶甲、蝗虫、蝼蛄、蚊、蝇等害虫为主，对农、林业害虫灾害的发生有一定的抑制作用，同时对卫生防疫也具有很大意义。

灰椋鸟　　　　　　　摄影：孔繁林

这么可爱的精灵，都让我们吃了啊

　　说起爱鸟，还有一段故事呢！2001年我们到石河入海口植树，当时就看到在石河入海口飞了好多鸟，一会儿飞到这儿，一会儿飞到那儿，鸟多得遮天蔽日。也是那一年我们到滦河口去植树，也看到了上千只黑嘴鸥在天空中飞翔，壮观至极。我后来了解到，石河的鸟叫灰椋鸟。山海关有一种名吃叫"烧铁雀"，比麻雀大，外焦里嫩，特别香。我原来以为铁雀就是麻雀，后来才弄明白铁雀应该叫灰椋鸟。每年春秋山海关都有成群的灰椋鸟迁徙。我们植树那天就看到一只大网，一下子就网住一二百只鸟。烧铁雀是山海关名吃，来客人做这个，送礼物送这个，一年得被吃掉多少啊。当时这对我触动特别大，这么可爱的精灵，都让我们吃了啊！

　　从那时起我就产生一个想法，必须保护这些鸟，保护这儿的生态。后来我了解到，秦皇岛确实是鸟类迁徙的通道。外国人观鸟、研究鸟已经有上百年的历史了。我们研究鸟是近几十年的事。过去我们捕鸟，吃鸟，把鸟当药引子，喜欢鸟的也是拎着笼子遛鸟、玩鸟。在我们当地，最早研究鸟是20世纪初外国人从北戴河开始的，他们在北戴河长期研究记载了400余种鸟。后来我对鸟有兴趣，想找一本关于鸟的书，朋友推荐了《中国鸟类野外手册》，是外国人编写的。

每一座山峰、每一条河流、每一条海岸线，我都走遍了

20 世纪 90 年代末，我从思想深处开始对鸟感兴趣了，后来就开始深入研究北戴河的鸟，尤其是到市政协之后。秦皇岛的每一座山峰、每一条河流、每一段海岸线，我都走遍了。通过调研，我了解了秦皇岛的林地面积、湿地状况、生态状况，秦皇岛域内有小河流 54 条，稍大的 23 条。当时非常受触动的是，秦皇岛河流很多，但大多数被挖沙、采沙、拉沙行为破坏了。有的河流上游开矿，水质被污染了，但是很多人没环保这个概念。为了说服大家，我把在各地拍的照片，放在政府常务会上让他们看，我说秦皇岛生态不是咱们想象的这样，它确实遭到了严重的破坏，河的上游开采矿藏，流域中开采沙子，工业企业往河里排放废水，农村城镇往河里排放生活废水，许多河水污染严重，再继续这样下去，秦皇岛就不是那个美丽的秦皇岛了。当时我提出来一个观念：秦皇岛之所以是秦皇岛，秦皇岛之所以是党和国家领导人暑期办公的地方，之所以每年来这么多游客，主要是靠好的生态环境。改革开放以来，决策者片面理解发展是硬道理，对生态保护有所忽视，好多城市空气污染、水污染，好多城市地下水干枯，好多河流有水污染、没水干枯。基于此，我们如果把这一方水土保护好，就能在中国树立一个生态样本。我当时就说，人的身体健康是 1，其他是 0。如果没有这个 1，其他都是 0。秦皇岛有很多优势，如造船优势、玻璃优势、造桥优势、高科技优势、古建筑优势、文化优势等，但最重要的是生态优势。如果把秦皇岛的生态搞糟了，党和国家领导人暑期还会来我们这里办公吗？中外游人更不会到我们这儿来承受污染。这种观念的提升是人的境界、品德的升华。

2006 年，金梦海湾开发前的海滩生态与正在建设中的秦皇岛奥林匹克体育场，这片海滩曾经也是一片湿地，每年春、秋季都会有大群的小鸟在此觅食、栖息。

在职的时候，我用自己的思想观念去影响其他人，这块湿地要保留、那块湿地要保留，有时跟人家意见不一致。当时开发金梦海湾，在众多的赞同意见中，有七条不同意见，都是我提出的。金梦海湾被开发了，当时有一个楼就建在潮汐线上，我就跟他们老总说，如果我还在任上，我绝对不同意你在这里建楼，因为我们当时坚持的是路南边（河滨路）一座建筑物都不盖，所有建筑都往后移，退到路以北。

从大气候讲，整个地球在变暖，而且是很快的。原来大家没有深刻的体会，很多是从媒体上得知南北极的冰川融化、缩小了，海平面上升，臭氧空洞越来越大。气候变化带来的影响，我是亲身体验过的，小的时候，海边距离潮汐线100米的地方，有很多的海防工事、碉堡，近些年发现，有的海防工事已经被海水浸泡，潮汐线也已经到了碉堡的位置，这充分说明了海平面在不断上升，陆地在不断地被侵蚀，这是非常严重的。

这是每一个人的事

思想观念的转变，让我在退休后热衷于拍摄鸟类，不仅自己拍摄，还影响了很多人，包括一些退休干部和企业家。有些企业家为了能和我们一起拍摄鸟类，甚至把企业委托给别人经营。现在，我们这个鸟类摄影队伍越来越庞大，他们拿着400 mm、600 mm、800 mm长焦镜头，站在海边就是一道亮丽、震撼的风景线。

2006年，秦皇岛市成立了观爱鸟协会，我担任名誉会长，一位企业家担任会长，还有一些副会长。这个协会的宗旨是观鸟、爱鸟、保护鸟，而且在此基础上拓展和升华，不仅是保护鸟类和鸟类的生态环境，还包括保护湿地和我们赖以生存的生态。

现在，观爱鸟协会已经发展成为一支庞大的队伍，成员达到200多人，他们来自秦皇岛各行各业。这种力量分散在各地，用他们自身思想观念的转变影响周围的人。秦皇岛已经形成了一种氛围，这种氛围就是保护鸟类、保护野生动物、保护生态。这不仅是每个人的事情，也是我们共同的责任。

我们经常给政府相关部门写建议，希望能够影响一下生态方面的决策，先后提出了保护石河入海口、保护滦河口湿地、保护北戴河湿地等建议。我们把保护鸟类、保护环境当作自己的一种责任，一种操守。为此，我们有压力，倍感责任重大。

秦皇岛是鸟类迁徙的重要通道。特别是在绥中和山海关交界的地方，是灰椋鸟与众多鹤类的迁徙通道。此外，北戴河区、海港区、山海关石河入海口等沿海线更是候鸟南北迁飞的主要通道。每年春季的3至5月和秋季的9至11月，可以在北戴河联峰山的望海亭上看到鹤类、鹰类、雁类等珍稀鸟类排着一列列长队，成千上万只从海面、城市、农田的上空飞过。北戴河、南戴河、黄金海岸、滦河口这条沿海线是重要的沿海带湿地，从这里往北，先是林地，再就是山地。这些丰富多样的地形、地貌，为各种长途迁徙的候鸟提供了休息觅食、补充能量的栖息地。

据统计，2006年前后，在我国发现的鸟类有1 300多种，在我们秦皇岛就发现过400多种。最近两年，我国的鸟类统计种类接近1 500种，我们观爱鸟协会2023年统计的秦皇岛鸟类的最新数据达到了504种。在秦皇岛发现的鸟类数量约占

2006 年 11 月 4 日，在沿海防护林附近湿地内栖息、觅食的东方白鹳。2010 年以前，由南戴河洋河入海口至昌黎滦河入海口沿线，到处是沿海防护林带与草地、沼泽湿地。每年春季，都会有来自世界各地的观鸟人在这片林带、湿地内观赏、搜寻鸟类。

我国鸟类数量的三分之一，秦皇岛是发现鸟类数量、种类比较多的地方。可惜的是，由于经济发展，沿海岸线附近的几个重要候鸟栖息地都有不同程度的破坏，令人痛心。

我们这片湿地被命名为北戴河湿地，实际上，这是个大范围、广义的概念，包括唐山的曹妃甸、昌黎的黄金海岸、滦河入海口、山海关的石河入海口等地区，而其核心区域就在北戴河，之所以有这样的国家定位，是因为其具有非常独特的地方性特征。

实际上，阿那亚所在的区域是一个鹭、鹬、鸻等鸟类的栖息地，更是东方白鹳、鹤类迁徙的重要通道。2006 年，我就拍到过 23 只东方白鹳在那里休息，它们在那里休息了 15 天到一个月。2022 年 11 月 11 日前后，200 多只东方白鹳在城市上空盘旋，我追着拍了两三个小时。2007 年，有一两百只东方白鹳飞到奥体中心体育场的上空，那天我在体育场上现场办公，但遗憾的是没带相机，那么多东方白鹳在绿茵场的上空盘旋，找不到坐标。这种现象是鸟儿迁徙的坐标标志物丧失和栖息地被破坏造成的。要给子孙后代留下遗产，需要留下一些可以荫及子孙后代的东西，而良好的生态观和生态道德观是最重要的遗产之一。

湿地的功能是涵养水源和调节气候。例如，秦皇岛比其他地方，比如北京更凉爽，这与湿地和林地有关系。如果没有这些湿地和林地，秦皇岛也会在没有雨时大地龟裂干旱，有雨时则会发生泥石流、洪水等灾害。这是因为湿地被破坏，河流不畅。过去农村的每个村子都有池塘和沟壑，现在这些池塘被填平了，成了垃圾堆或者房子。这样一来，下雨水往哪里流呢？为什么下点雨就成灾，不下雨就干旱呢？这是因为湿地没了，涵养水源的地方没了。因此，保护湿地不仅是保护鸟类，也是保护我们人类自己。无论是为党工作，为国家工作，还是为人民服务，最终的目标都是给子孙后代留下遗产。这种遗产既包括物质上的东西，也包括观念上的东西。而这些遗产中最重要的是良好的生态观和生态道德观，要留下绿水、青山和洁净的空气。

湿地是鸟儿觅食的栖息地，不是人类发展的空间

现在个别领导者、决策者过于急功近利，将原本应该保护的湿地视为经济增长点，以提升自己的业绩。虽然发展是重要的，但如何在发展经济的同时保护生态，解决这种矛盾，

是至关重要的研究课题。

为了发展，决策者会将湿地改造成高楼大厦或工厂，但他们没有意识到湿地的功能和重要性，湿地本来是野生动物和鸟类的栖息地。人类侵占这些地方是不合适的，甚至是违背自然的行为，会受到自然界的惩罚。

破坏和减少湿地的责任主要在决策者，而普通民众的破坏行为相比之下显得微不足道。然而，如果决策者的思想观念不改变，不主动投身到生态文明建设的伟大实践中去，那么破坏力和后患将是无穷的。

从领导做起，从娃娃抓起

我们这帮爱鸟人士提出一个口号：观鸟、爱鸟、保护生态。我们应该从领导做起，从娃娃抓起。

领导是决策者，可以决定保护或开发湿地。领导应该有良好的生态道德观和生态伦理，不能破坏鸟类和野生动物的栖息地。我们应该将保护生态上升到道德和伦理的层次，要求自己和他人自律。我们需要更新观念，传统的吃鸟和玩鸟观念是不文明的，我们应该用新的观念来取代。从我们自己做起，从点滴做起，这是实现保护生态的重要一步。

我们应该从孩子们抓起。我们已经做了很多工作来培养孩子们的环保意识，比如在学校建设生态科普馆和培育绿色教育基地。我们希望从小学、中学到大学都能培养孩子们的环保意识，让他们先明白保护环境的重要性，然后回家影响父母，发挥自己的作用，打破恶性循环。

我们每年都会举办两次放飞鸟的活动，并组织一些保护湿地和鸟类的巡回摄影展览。我们会邀请领导、孩子们和市民参加这些活动，以扩大影响。通过这些活动，我们希望能够让更多的人了解保护环境的重要性，并积极参与到环保行动中来。

这是一种鼓舞

我市建设了一个鸟类博物馆，购买和征集了一些鸟的标本和图片，并将这些展品陈列在馆内。我们将其视为一项公益事业，得到了许多人的自愿支持。每年，我们都会举办大型展览，吸引了许多中外游客前来参观。

今年，我们非常感动，一个来自广东的家庭听说秦皇岛是鸟类重要的迁徙通道，并且有一个鸟类博物馆，便不远千里前来参观。他们的孩子是野生鸟类保护社团的成员，对鸟类保护有着浓厚的兴趣。他们来到我们这里观鸟、看展览，给我们带来了很大的触动。他们的行为启发了我们，也让我们意识到保护鸟类的重要性。

在鸟类博物馆的野生鸟类摄影展上，我们接待了很多国外的夏令营。许多营员在看过展览后感到非常震惊：他们以前从来没有见过这么多的鸟，有些鸟的名字更是叫不上来。我们还把鸟类的图片制作成图书并赠送给我们的友好城市——日本北海道的苫小牧市。没想到，苫小牧市的市民非常重视这个礼物，他们把书放在市民中心，让所有的人都可以看到。这对日本人触动很大，他们表示要向我们学习。此外，这次苫小牧市的议长也来到了我们这里。我们又送给他们几本图书，并赠送了 20 多张照片。议长表示他也会把书放在市民中心。没想到，我们的影响不仅在国内，还扩展到了国外。

我还把书赠送给一位科技日报的主编，他表示他要把它赠送给加拿大多伦多市国立图书馆。我还把书赠送给在美国开设学校的校长，他也非常喜欢这本书，并表示要把它带回到美国去，并建议我们应该把这本书翻译成中、英、日三种语言，他可以帮助销售这本书。这说明我们的工作做得非常成功。

近年来，经过协会秘书长刘学忠和英国观鸟学者马丁·威廉姆斯先生的考证，中国兴起观鸟活动的历史可以追溯到 20 世纪 80 年代的北戴河。那时，外国游客对中国产生了浓厚的兴趣，纷纷前往秦皇岛北戴河开展观鸟活动。新中国首个民间观鸟组织就是在北戴河成立的国际观鸟会。20 世纪 90 年代，新中国首届国际观鸟大赛在北戴河举行。

2005 年 5 月 5 日，参加第二届北戴河国际观鸟大赛的中外观鸟人，在原南戴河附近的沿海防护林带附近的湿地内搜寻鸟类。

2016 年 10 月 13 日，由秦皇岛市关心下一代工作委员会与秦皇岛市观爱鸟协会、海港区文化里小学联合建设的河北省首个校园鸟类生态主题馆在海港区文化里小学落成。

2015 年，秦皇岛被授予"中国观鸟之都"的美誉。这些成就都是我们秦皇岛人引以为傲的事情，值得我们珍惜。

我们在保护生态环境的过程中付出了巨大的努力，但是一分收益也没有，甚至每天还要个人投入资金，这让许多人难以理解。然而，我们追求的是一种功在当代、利在千秋的理念，我们坚信这是一种知行昭美的行为，因此这是一种激励，一种心理安慰。

退休后，我们应该做些什么呢？我觉得这种成就感比在工作时成天忙碌还要大，这是一种境界的变化。

因此，我们应该更加重视鸟类保护，并采取更多的行动来保护它们的栖息地。我们可以通过宣传我们的理念，让更多的人了解鸟类的价值和重要性，让更多的人自愿参与到保护野生鸟类和生态环境的行动中来。

通过努力，我们可以让我们的城市成为更多鸟类的家园，让我们的世界变得更加美好。同时，我们也相信，只要我们坚持做好事，就一定会得到好的回报。

秦皇岛市关心下一代工作委员会副主任、秦皇岛市观爱鸟协会终身名誉会长范怀良先生在野外考察、记录生境。

秦皇岛环岛公园　　摄影：范怀良

洋河水库一角　　摄影：范怀良

目　录

　　习近平总书记指出："每个人都是生态环境的保护者、建设者、受益者，没有哪个人是旁观者、局外人、批评家，谁也不能只说不做、置身事外。"加强生态文明建设，就要把建设美丽中国转化为全体人民的自觉行动。目前，一些人的思想观念仍然停留在传统工业文明时代，在对待人与自然的关系上，把自然作为人认识、作用、改造甚至征服的对象。对此，我们要尽快建立生态理念教育和宣传两大体系，全面提高公众生态意识，牢固树立生态文明观念；开展全民绿色行动，动员全社会都以实际行动减少能源、资源消耗和污染排放，为生态环境保护作出贡献。

　　禁绝以保护名义搞开发；禁绝以修复名义搞旅游项目；禁绝把人的意志和感受强加于自然。

　　提倡修复，修旧如旧，修复中适当建设，建设是补短板，增强生态功能；提倡尊重自然，敬畏自然，按生物自己的习惯、习性、生存生活规律保护湿地；提倡设立湿地保护红线，建设湿地保护区、湿地生态公园；提倡湿地与生态、与气候、与当地环境、与生物多样性的科学研究。

第一章 中国观鸟旅游活动始于北戴河

万鸟临界海　摄影：范怀良

XXXV.—*The Spring Migration at Chinwangtao in North-East Chihli.* By J. D. D. LA TOUCHE, M.B.O.U.

[The following paper, containing a report on migration in northern China, was prepared by Mr. La Touche for the British Ornithologists' Club, and is a continuation of a previous record of observations in the Island of Shaweishan published in the Bulletin of the Club, vol. xxix. 1912, pp. 124-160. The Committee of the Club, however, consider that long articles such as these are out of place in the Bulletin, and have, therefore, handed over the present report to us for publication in the pages of 'The Ibis.' The report has been revised and arranged by Mr. C. B. Rickett, and to him our best thanks are due for the trouble he has taken in the matter.—ED.]

INTRODUCTION.

CHINWANGTAO is situated on the north-east coast of Chihli, inside the entrance to the Gulf of Liantung—39° 55' N. by 119° 38' E. The Island, or peninsula rather, as it is connected with the mainland by the railway embankment and by a causeway enclosing a large pond much frequented by wildfowl during the migration season, is separated from the dunes of the north-east beach by a narrow tidal creek, which was dug some thirteen years ago to provide an outlet to the small stream which originally had its mouth at the north-west corner of the then peninsula, now blocked by the above-mentioned embankment. There is no doubt that Chinwangtao was originally an island, and that when the sea receded, probably not many hundred years ago, it remained a rocky headland, breaking the curve of the bay that extends from the ruins of the Great Wall of China on the shores of Shanhaikuan to the well-known Foreign summer settlement of Peitaiho. The island is about midway between these two localities. The mountains, which run north-east and south-west, are about four or five miles from the sea at Shanhaikuan and some twelve miles beyond Chinwangtao, the plain gradually widening, until a little beyond the Luan River it merges into the great eastern plain of Chihli.

The climate of Chingwangtao is extremely dry and bracing

Almost incessant winds prevail during a great part of the year, and at Chinwangtao these are very variable, often shifting all round the compass within a very few hours. From the middle or end of December, according to the prevailing temperature, the bay is frozen over, and the ice does not disappear, even in mild seasons, much before the middle of February. The minimum temperature in winter rarely falls below −7° Fahrenheit, the mean winter temperature being between 18° in cold winters and nearly 26° for mild seasons, while in summer the mean temperature of July and August ranges from 72° to 75°·5, seldom reaching above 90°.

From its somewhat prominent position at the entrance of the Gulf of Liantung, and with only a narrow strip of plain between it and the mountains, Chinwangtao is an excellent place for watching the passage of birds. The island is hardly inhabited, there being altogether but five houses on the cliffs facing the sea, and the cover is just sufficient to induce birds to tarry awhile after landing, and neither high nor thick enough to cause any impediment to the observation of birds on the wing or settled. The autumn migration is the one most easily studied. The birds when bound south appear generally to follow the coast line, and many species may be observed by day, skirting the coast or passing overhead, either over Chinwangtao or not far inland. At that season, wagtails, pipits, larks, swallows, sand-martins, black drongos, rooks, jackdaws, the Oriental carrion crow, swifts, all kinds of Accipitres, cranes, bustards, and innumerable waterfowl may be seen passing by day, sometimes in scattered flocks, and often, as in the case of the smaller Passeres and rooks, in long streams which pass down the coast at no great distance from the sea. The first to appear are curlews and the sea-gulls (*Larus ridibundus*) some time in July; then at the end of July and beginning of August, snipe, waders, and many terns fly past. During August and early in September, the millet fields swarm with reed-warblers (*Acrocephalus bistrigiceps*, *A. tangorum*, and *A. sorghophilus*), while swallows, sand-martins, wagtails, pipits, drongos, swifts, and other birds pass overhead in numbers. At the port itself on suitable days the

cover is full of robins (blue-throats, ruby-throats and blue robins) and of willow- and reed-warblers. Late in August and in September, when the crops are ripening, the fields absolutely swarm with buntings, and quantities of grasshopper-warblers are found. The wildfowl then appear. In October, rooks, jackdaws, larks, cranes, bustards, ducks, and geese pass in numerous flocks, and throughout these months birds of prey of all kinds are abundant.

The spring migration is comparatively less interesting and not so easily followed, as the smaller Passeres do not pass in flocks or streams but suddenly appear in the cover on the island, often to a great extent dependent on weather conditions, and a favourable wind or the clearing up of the weather generally drives many species away at once. Thus this spring (1914), which has been unusually dry, was remarkable for the scarcity of warblers, flycatchers, quail, and robins, and these birds must have scattered inland almost immediately on arrival. Although last winter was abnormally mild, I did not notice that birds arrived any earlier than usual. In normal years, the first birds to appear in spring are gulls, rooks, and geese, generally at the end of February. The wildfowl then pass, the geese until the middle of April and the ducks until May. In April small Passeres pass in increasing numbers, and the migration of nearly all the birds, with the exception of the wildfowl, is at its height towards the middle of May. The first small insectivorous Passeres to pass are *Ruticilla aurorea*, *Ianthia cyanura*, and *Accentor montanellus*. The latter also winter here in sheltered places. Larks, buntings, and bramblings are abundant during April and also hoopoes and pipits; wagtails and swallows appear during the latter half of the month. During May there are rushes of flycatchers, swallows, sand-martins, robins, pipits, wagtails, warblers, buntings, rosefinches, and quail, but after the end of May, arrivals rapidly diminish and consist chiefly of *Locustella certhiola*, reed-warblers, and quail (*Coturnix* and *Turnix*). Inland, there is not much

bird-life until the beginning of May, but during that month the country simply swarms with birds on favourable days. Although the spring migration may be said to be over after the first week in June, late arrivals continue to straggle in nearly to the end of the month, and the first autumn migrants, curlews and probably other waders, are heard passing at night, during stormy weather, as early as the middle of July. Thus, it may be said that on the China coast the birds are on the move from February to mid-November north of the Yangtze, and later than that in south China, practically without interruption. The notes taken in 1911 and 1912, in my leisure hours (in the morning, at noon, and after 4 p.m.), are not sufficiently full to show all the bird movements on the northern China coast, but, nevertheless, in conjunction with the fuller observations taken by the collectors engaged by the B.O.C. Migration Committee, indicate the importance of Chinwangtao as a post of observation for the study of bird migration, and it is probable that the migratory birds of Manchuria with few exceptions pass the port on their way to their breeding grounds. It would appear that in spring, migrants, wildfowl excepted, strike across the gulf from the north-east promontory of Shantung and reach this place without touching land after they have passed the Miaotau Is. and the southernmost point of the Liantung Peninsula. Birds found dead at sea off the port or on the seashore at Chinwangtao, or seen arriving from over the sea, would seem to confirm this supposition, and a look at the map of this part of China will show it to be not improbable. Of course a number of birds reach Manchuria via inland China, and this would explain the almost total absence of notes on many common birds in the following pages. The same remarks will probably apply to Taku, at the mouth of the Peiho, and other places on the north coast.

In autumn, all the Manchurian migrants would appear to pass down the coast as far as this place at least, and they most probably continue following the coast line to Taku and its neighbourhood.

From what I have seen of the wildfowl, they appear to

拉图什发表的关于秦皇岛自然环境与鸟类资源的报告复印件。

爱尔兰著名的鸟类学家、博物学家和动物学家拉图什（La Touche，1861—1935），在中国担任海关官员期间（1882—1921 年），花了大量时间精力在沿海地区考察我国的鸟类，撰写了有关中国沿海鸟类迁徙的观察，以及他在佘山岛（当时的沙卫山岛）的鸟类迁徙报告（Bull. B. O. C. xxix. pp. 124-160）和秦王岛鸟类资源报告（Ibis, 1914, pp. 560-586），为国际观鸟组织提供了第一个也是唯一一个可靠的数据。他的作品原稿现藏于哈佛大学比较动物学博物馆。

爱尔兰鸟类学家眼中的秦皇岛

爱尔兰鸟类学家、博物学家和动物学家约翰·大卫·拉图什于 1910 年来到中国秦皇岛海关工作，直至 1917 年。他发表的名为《中国东北地区秦皇岛的春季鸟类迁移》的调查报告，是我们目前能够找到的最早记录秦皇岛鸟类的文献资料。这篇报告详细记录了秦皇岛的地理信息、大气和鸟类资源情况。

拉图什在《中国东北地区秦皇岛的春季鸟类迁移》中写道：秦皇岛位于辽东湾的东北海岸，北纬 39°55'，东经 119°38'，被称为岛或半岛。秦皇岛与大陆有铁路相连，在堤和堤道围成的大池塘，沙丘的东北海滩狭窄的潮汐小溪，迁徙季节经常有野禽出现。大约在 1890 年前，在半岛的西北角为小河的一个出口，现在被上述路堤阻塞。毫无疑问，秦皇岛最初就是一个岛屿。可能在几百年前，它仍然是一个岩石岬，冲破目前海湾的曲线，这个岛在中国长城遗址的山海关与著名的夏季避暑地北戴河的中间位置。

秦皇岛的气候非常宜人。在一年的大部分时间里，几乎有持续不断的风，这些风变化很大，通常在几个小时内风向就会有东西南北的变化。根据通常的温度，从 12 月中旬或 12 月底开始，海湾就会结冰，即使在温和的季节，冰也不会在 2 月中旬之前消失。最低气温很少低于零下 20°C，冬季平均气温在零下 7°C 至零下 3°C 之间，夏季很少达到 30°C 以上，7 月和 8 月的平均气温在 22°C 至 24°C 之间。

秦皇岛位于辽东湾入口处的一个稍微突出的位置，并且在海和山脉之间只有一条狭长的平原，是一个观赏鸟类迁徙的好地方。当鸟类向南迁徙时，它们绕着海岸或飞过头顶。许多鸟类在白天就可以被观察到，可以看到鹪鹩、鹨、百灵、燕子、崖沙燕、黑卷尾、秃鼻乌鸦、寒鸦、东方小嘴乌鸦、雨燕以及各种鹬、鹤、鸨和无数水鸟，有时是成群结队，通常是较小的群。迁徙从 7 月份开始，首先出现的是杓鹬和海鸥，接着在 7 月底和 8 月初有沙锥、涉禽和许多燕鸥飞过。在 8 月底和 9 月初，小米地里挤满了苇莺（黑眉苇莺、远东苇莺、细纹苇莺），而燕子、崖沙燕、鹪鹩、鹨、黑卷尾、雨燕和其他鸟类则大量从头顶经过。10 月，秃鼻乌鸦、寒鸦、云雀、鹤、鸨、鸭和鹅成群结队地经过。在这几个月里，各种各样的猛禽也很丰富。春天的迁徙相对来说不那么有趣。

新中国脊椎动物奠基者
在秦皇岛调查鸟类

1936 年，寿振黄先生编著并由静生生物调查所印行的《河北省鸟类志》（英文版），在 Zoologia Sinica B 系第 15 卷上发表。这部著作不仅是河北省的第一部鸟类专著，同时也是目前研究河北鸟类最早的专著。

据悉，《河北省鸟类志》是寿振黄先生在长达 10 年的野外考察基础上，结合早期文献编纂而成的。全书共记述了河北省（不含原察哈尔省）分布的鸟类 18 目 67 科 246 属 416 种。此外，总论部分还对河北省的地理、植被、气候以及节气等作了简要介绍。

在各论部分，书中详细介绍了每种鸟类的学名、中文名、俗名、英文名、形态特征、量衡度、栖息环境以及分布情况，并对迁徙类型进行了初步分析。值得一提的是，《河北省鸟类志》附有 1 幅地图、506 幅鸟类插图（多为头、脚的特征图）以及 25 版鸟类巢卵和栖息环境的图版。

总的来说，《河北省鸟类志》是对以往科学资料的整理和总结，对于今后进一步研究河北鸟类具有重要的参考价值。

寿振黄先生是我国最早研究鸟类的学者，是我国现代鸟类学研究的奠基者之一。"脊椎动物奠基者，鸟兽虫鱼无不通。分类生态相结合，生物统计开先声。"这是我国兽类学家夏武平先生在寿振黄先生逝世十五周年时写的悼念诗（寿先生于 1964 年 7 月 5 日逝世于北京）。

1936 年，寿振黄先生编著的《河北省鸟类志》（英文）上下两卷，被赞誉为我国动物学家自己撰写的具有国际水准的第一部鸟类志。此外，这也是我国第一部以志书形式出版的地域性动物学专著，被视为我国地方动物志的重要典范，并被视为我国脊椎动物区系分类研究的开端。

丹麦生理学家在北戴河观鸟

1942年至1945年，丹麦生理学家阿克塞尔·郝明森在北京、北戴河开展了为期三年的鸟类调查。1951年，他出版了《中国东北鸟类迁徙观察》专著，其中单独编著了北戴河海滩鸟类，详细记录了各种候鸟迁徙经过北戴河的情况，配发了多幅当时北戴河的照片资料。

丹麦生理学家郝明森在丹麦哥本哈根出版了他在中国东北特别是在北戴河海滩观察鸟类迁徙的报告。他在报告的简介中写道：

在第二次世界大战的最后几年里，由于环境所迫，我不得不待在华北，我发现自己无法继续我早期的内分泌学工作。我住在北戴河，只有冬天的几个月和1943年夏天的三个月在北京或附近。特别是在北戴河海滩，我发现了研究鸟类迁徙的绝佳机会。

早期的观察者万卓志牧师和胡本德牧师曾在不同的刊物上报道过北戴河海滩的鸟类生活，但未能进行全年的观察，所以我的观察填补了他们的空白。我的报告分为一般部分和特别部分，前者在很大程度上以后者为基础。

阿克塞尔·郝明森在北戴河观鸟期间居住的别墅

特别部分主要涉及我自己观察到的物种，主要是在北戴河海滩；虽然我在北京的观察和其他地方的一些观察也包括在内。只有已知发生在北戴河海滩的物种很少被我在野外错过，为了总结这份名单，我还收录了其他观察者在那里或类似的近邻地区观察到的其他物种。

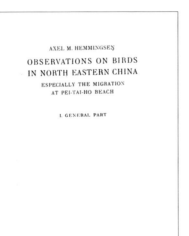

AXEL M. HEMMINGSEN

OBSERVATIONS ON BIRDS
IN NORTH EASTERN CHINA

ESPECIALLY THE MIGRATION
AT PEI-TAI-HO BEACH

I. GENERAL PART

COPENHAGEN
1951

阿克塞尔·郝明森在北戴河观鸟期间拍摄的北戴河海滩

1951年，阿克塞尔·郝明森出版的《中国东北鸟类迁徙观察》专著中，单独编著了北戴河海滩鸟类。

国际观鸟人慕名来寻观鸟地

1985年4月，马丁·威廉姆斯、伦·阿普利比、史蒂夫·霍洛韦、杰夫·卡瑞、戴夫·贝克韦尔、西蒙·斯图普、罗杰·比克罗夫特在北戴河联峰山上观鸟。

1985年，英国剑桥大学博士马丁·威廉姆斯先生，根据丹麦郝明森留下的图书资料，首次来到北戴河区观鸟。他刚到中国就向有关单位了解北戴河的鸟类情况，但却被告知北戴河没有鸟。然而，当他与同伴走进北戴河时，却发现了一群群的鸟由上空飞过。他看到了许多鸟，其中还有几种世界濒危鸟种。

在北戴河住了3个月，马丁掌握了大量资料。回国后，他将自己在北戴河的观察结果撰写成了大量介绍北戴河观鸟的情况和当地自然资源情况的文章，在国际上的一些媒体发表，在英、美等国引起了极大反响。当年秋季，马丁组织的观鸟团再次来到北戴河进行观鸟活动。这使得更多的国际观鸟人知道了北戴河，并先后来到北戴河观鸟，开了面向国际的北戴河观鸟活动的先河，使这里成了数百万外国鸟迷心中远东最好的观鸟"麦加"。北戴河也因此被誉为世界观鸟胜地之一。

1985年，马丁·威廉姆斯等人在北戴河观鸟，调查鸟类资源。

1985年秋季，马丁·威廉姆斯在北戴河拍摄的候鸟迁徙图。

1986年深秋，国外观鸟人结束鸟类调查项目后，在秦皇岛火车站准备回国。

2002 年 5 月 12 日，爱心市民武肃与他的新娘一起，把为野生动物捐款献爱心作为新婚纪念。

众多的爱心市民在街头为野生动物救护捐献爱心款

大学生街头倡议保护野生动物　市民为野生动物救助捐献爱心款

　　2001 年 10 月，国家林业局与河北省秦皇岛市海滨林场共同合作，总投资 1 980 万元，一期工程投资 650 万元的中国野生动物保护协会秦皇岛野生动物救护中心建成。

　　秦皇岛野生动物救护中心以开展秦皇岛地区的野生动物保护、救护为核心工作，同时辐射到周边省、自治区、直辖市的野生动物救护工作。在此基础上，中心加强野生动物资源保护与救护，并积极开展驯养、繁殖和产业化开发，规范野生动物保护、国内外交流和宣传教育。秦皇岛野生动物救护中心是我国北方唯一一个野生动物保护事业型的专门机构。

　　2002 年春季，燕山大学的大学生志愿者与秦皇岛野生动物救护中心的工作人员一起，联合开展"野生动物连着你和我"爱心救助野生动物活动。大学生志愿者先后走进秦皇岛市商业区街头、居民社区，倡导市民参与野生动物保护、救助，并为野生动物救助募集爱心资金。

爱心救助野生动物宣传活动

第二届北戴河国际观鸟大赛
——52 种鸟类收进记录

钟嘉／文　刘学忠／摄影

　　2005 年的北戴河国际观鸟大赛，以记录总计 252 种鸟类大告成功。来自英国、美国、澳大利亚、瑞典、挪威、丹麦等国，以及来自中国大陆和台湾地区的观鸟者，共计 39 支队伍，308 人次，参加了这次为庆祝北戴河国际观鸟 20 周年的大赛。

　　北戴河及周边地区是东亚重要的候鸟迁徙通道，每年春秋两季有数以万计的鸟类经过这里，其中包括大量珍稀和濒危物种，北戴河也因此成为国际观鸟胜地。2005 年是北戴河接待国际观鸟团 20 周年。20 年来，北戴河总共接待超过 3 000 人次的外国观鸟者。1998 年，北京开始有观鸟者前往北戴河，随着观鸟这项户外休闲活动在中国逐步推广，到北戴河观鸟的人数已经无法统计，北戴河作为观鸟胜地的声誉也越来越高。

　　为了推动观鸟这项关注自然，提倡保护野生动物、野生鸟类的活动在更大的范围内开展，借助观鸟活动宣传保护野生动物和生态环境，由北京观鸟会和北戴河国际观鸟协会发起，中国野生动物保护协会、河北省野生动物保护协会、秦皇岛市林业局与北京观鸟会、北戴河国际观鸟协会共同主办了这次观鸟大赛，不仅吸引了北京、河北的观鸟爱好者参加，也吸引了河南、湖南、上海、广东、台湾等地观鸟者的参与，前来北戴河观鸟的外国团积极参加了比赛。从 5 月 1 日开始，在为期半个月的时间里，先后有 308 人次参加比赛，提交了 39 份记录，为北戴河留下了 2005 年春天一份宝贵的鸟种记录，促进了中外观鸟者、海峡两岸观鸟者的交流。

2005年5月14日，北戴河国际观鸟大赛在北戴河金山宾馆举办联谊会，时任河北省野生动物保护处处长武明录在联谊会上发言。

我国著名的鸟类学家许维枢先生在联谊会上发言，并希望北戴河国际观鸟活动能持久发展。

来自英国的马丁·威廉姆斯先生前来北戴河为大赛助阵。

获得本次大赛优胜奖（即在规定赛时内记录鸟种最多）的队伍是来自北京观鸟会的 Twitcher Seven 队（疯狂七鸟人），他们在 24 小时内记录到 152 种鸟，居各队之冠。获得第二名和第三名的是英国的 Two Hoots 队和 Wildwmgs 队，成绩分别是 129 种和 125 种。

　　本次大赛的至尊鸟种是橙胸姬鹟，为 Twitcher Seven 队所目击录到。橙胸姬鹟的分布范围在远离北戴河的中国西南地区，该鸟种在北戴河被目击是第二次，上一次是 1997 年 5 月由英国太阳鸟观鸟团的 Paul Holt 所目击，和这次一样，都是 1 只。至尊奖的获奖标准是目击北戴河以往没有或极少见到的鸟种。

　　获得慧眼奖的队伍是目击并辨认出姬鹟、斑背大尾莺和淡眉柳莺的多支队伍。姬鹟为来自我国台湾的白耳画眉队和台北二队记录到；斑背大尾莺的目击者是英国的 Petes Feet 队；英国的 Two Hoots 队、Wildwings 队和 Dovgie and Davy 队，还有北京的烙饼烧鸡队都记录到淡眉柳莺。这些鸟种的找到和辨认都有较大难度，慧眼奖给予记录到这类鸟种的队伍。

　　预测奖为我国的 Twitcher Seven 队和台北二队获得，他们预测此次大赛记录鸟种总数为 250 种，与实际结果 252 种最为接近。对北戴河鸟种迁徙规律的了解和对比赛实际情况的分析，是预测的基础，大多数队伍的预测是在 200~280 种之间。

　　（原文刊登于 2005 年《野生动物》杂志）

2005 年 5 月 12 日，来自世界各地的
观鸟人在山海关角山观鸟。

生态港城　　摄影：范怀良

要加强生态文明建设，划定生态保护红线，为可持续发展留足空间，为子孙后代留下天蓝地绿水清的家园。

——2016 年 3 月 7 日，习近平在参加黑龙江代表团审议时的发言

第二章　　建立观鸟组织，保护生态家园

2006 年 9 月 8 日，时任秦皇岛市政协副主席范怀良召集相关单位的负责人与观鸟爱鸟志愿者，座谈商议成立秦皇岛市观（爱）鸟协会事项。

2006 年 9 月 8 日，秦皇岛市最早的观鸟、爱鸟人张文群（左二）、乔振忠（右一）参加成立秦皇岛市观（爱）鸟协会事项座谈会。

2006 年 6 月 1 日，参加活动的小学师生到沿海湿地放飞救助的鸟类。

秦皇岛市观（爱）鸟协会正式成立

2006 年 6 月 1 日，秦皇岛市青少年宫、秦皇岛市观（爱）鸟协会筹备组以及海港区外语实验学校小学部共同组织了"关注湿地、保护鸟类"暨建绿色和谐港城义卖捐助活动。活动邀请了时任秦皇岛市政协副主席范怀良、华盾集团董事长王玉臣、通联公司总经理李勇毅、天秦塑胶集团董事长宋金锁等领导与企业家，参加义卖和鸟类放飞活动，并讨论秦皇岛市观（爱）鸟协会成立事宜。

2006 年 9 月 5 日，秦皇岛市观（爱）鸟协会筹备组初具雏形，核心成员包括市商务局原副局长、市贸促会会长傅勇，秦皇岛日报社摄影记者刘学忠，秦皇岛市鸟类环志站原站长乔振忠，海港区外语实验学校小学部刘秋玲，市科协张文群，华盾集团董事长王玉臣，通联公司总经理李勇毅，天秦塑胶集团董事长宋金锁，北方船舶董事长高崇颖，家惠超市总经理李永衡等，这些人共同给市政协副主席范怀良发出了成立秦皇岛市观（爱）鸟协会的请示。

2006 年 9 月 8 日，市政协副主席范怀良组织了相关单位与部分筹备组人员召开座谈会，大家一致同意成立秦皇岛市观（爱）鸟协会。11 月 27 日，筹备组分别给市林业局、市民政局提交了成立秦皇岛市观（爱）鸟协会的请示，并得到了批复。

2006 年 12 月 21 日，在秦皇岛市民政局的指导帮助下，秦皇岛市观（爱）鸟协会正式注册成立。在市商务局原副局长、市贸促会会长傅勇的协调下，华盾集团董事长王玉臣、通联公司总经理李勇毅、天秦塑胶集团董事长宋金锁、北方船舶董事长高崇颖、家惠超市总经理李永衡、柳江煤矿总经理杨玲每人捐助 5 000 元，用作协会成立注册资金，并申请加入协会担任理事。注册会员共有 54 人，其中单位会员 3 家。

2016 年 10 月 13 日，市关心下一代工作委员会主任李向东（右二）、副主任冯国华（右三）、副主任兼协会名誉会长范怀良（左一）、市老干部局副局长王建成（右一）在秦皇岛市首个校园鸟类生态主题馆。

会长个人出资支持协会开展生态科普

秦皇岛市观（爱）鸟协会在完成 2015 年 12 月的换届选举后，宋金锁会长积极投身于生态科普与底栖生物修复工作。在他的领导下，协会与市关心下一代工作委员会达成合作，共同在学校开展生态科普活动。

2016 年 8 月，会长宋金锁与市关心下一代工作委员会副主任、协会名誉会长范怀良共同商定，在海港区、抚宁区各选择一所小学建设鸟类生态科普馆。为了支持这一项目，会长宋金锁向市观（爱）鸟协会捐赠资金 5 万元。

2017 年年初，会长宋金锁带领秦皇岛市观（爱）鸟协会加入阿拉善 SEE 任鸟飞民间保护网络，作为任鸟飞民间保护网

2018年5月8日，在秦皇岛创建森林城市活动现场，中国野生动物保护协会向秦皇岛市观（爱）鸟协会授旗，会长宋金锁代表全体会员接鸟类保护志愿者队旗。

络成员之一，在北京市企业家环保基金会任鸟飞项目组的支持下，协会开展了任鸟飞系列沿海湿地鸟类调查巡护活动。

2019年，为支持协会开展的森林生态科普学校创建活动与石河南岛底栖生物人工修复试验工作，会长宋金锁再次向观（爱）鸟协会捐助10万元，他表示将尽最大能力支持协会开展的各项公益活动。

2015—2023年来，在会长宋金锁的带动下，协会重点开展生态科普教育活动，与市林业局、教育局等单位合作，将生态科普教育活动由最初在两所学校建设鸟类主题科普馆，发展到了在全市28所小学校园内开展生态科普教育活动，建设森林生态科普馆（科普长廊）。先后完成了"任鸟飞—山海关石河南岛湿地鸟类调查巡护""任鸟飞—北戴河湿地沿海鸟类调查、监测""任鸟飞—秦皇岛滨海大道两侧湿地、林带疫病疫源监测与鸟类调查巡护"等项目。作为秦皇岛市观（爱）鸟协会第二任会长的宋金锁以实际行动展现了对生态环境保护的热情和责任感，他的慷慨解囊和无私奉献不仅为协会发展提供了经济支持，更为推动秦皇岛地区的生态环境保护事业发展作出了贡献。

观鸟中国·爱心伴鸟在旅途

2018 年 3 月 31 日，随着一只只康复的野生鸟类回归自然，第 14 届"观鸟中国·爱心伴鸟在旅途"活动落下帷幕。

据不完全统计，自 2006 年启动"观鸟中国·爱心伴鸟在旅途"活动以来，在连续 12 年的活动中，秦皇岛先后有 5 万余人次参加了野生鸟类救助、放飞、科普、宣传活动，救助、放飞各种野生鸟类 4 万余只，其中国家一、二级重点保护野生动物 1 万余只。原美铝渤海铝业有限公司的员工连续 10 年参加这个活动，公司的爱心基金会也连续 10 年赞助协会开展活动。

令众多观鸟、爱鸟人士欣慰的是，在连续 14 届活动中，"观鸟中国·爱心伴鸟在旅途"野生鸟类救助活动，由最初完全由民间组织、爱心企业发起，逐渐引起秦皇岛市各单位、各部门主要负责人与市委、市政府主要领导的关注、参与。野生鸟类救助、放飞活动已成为每年春秋季节，众多市民、中外观鸟爱好者参与的观鸟、爱鸟活动之一。

国内外专家、学者支持森林生态科普学校建设

秦 皇 岛 市 林 业 局
秦皇岛市关心下一代工作委员会
秦 皇 岛 市 教 育 局
秦 皇 岛 市 科 学 技 术 局 **文件**
秦 皇 岛 市 科 学 技 术 协 会
秦 皇 岛 市 观 (爱) 鸟 协 会

秦林办字〔2018〕64 号

关于印发《秦皇岛市青少年森林生态科普学校创建方案》的通知

各县区林业局、关工委、教育局、科技局、科协：

为培养青少年热爱自然、保护生态的意识，传播生态文明理念和森林文化知识，增强青少年关注森林、保护森林、建设森林的责任感，加快生态立市、国家森林城市创建步伐，经市政府同意，现将《秦皇岛市青少年森林生态科普学校创

—1—

2018 年，由秦皇岛市林业局、秦皇岛市教育局、秦皇岛市关心下一代工作委员会、秦皇岛市观（爱）鸟协会等单位共同发起，在秦皇岛市首个青少年生态科普馆的基础上，经过各区、县教育系统的评选和推荐，27 所小学被推选为秦皇岛市森林生态科普学校。

2021 年 5 月 8 日，第 28 所森林生态科普学校山海关区桥梁小学被授予牌匾。为了提升入选秦皇岛市森林生态科普学校的教师的生态科普知识，秦皇岛市林业局、秦皇岛市教育局、秦皇岛市关心下一代工作委员会、秦皇岛市观（爱）鸟协会在秦皇岛野生动物园的支持下，为这些学校分别建立了生态科普馆或生态科普长廊。同时，英国马丁·威廉姆斯博士、瑞典鸟类学者彼得森·布先生、湖北京山教育局张玉老师、北京教育科学研究院梁烜老师、鹤类基金会胡雅滨老师、北京师范大学博士阙品甲老师、中国观鸟会付建平老师以及山东省东营市胜利锦华小学邢红明老师等专家学者，为 60 余名森林生态科普学校的领导和老师授课。

秦皇岛市森林生态科普学校
（排名不分先后）

海 港 区： 文化里小学、驻操营学区驻操营小学、东华里小学、西港路小学、崇德实验学校、北环路小学、耀华小学、白塔岭小学、鲤泮庄小学、逸城学校

开 发 区： 第二中学（小学部）、第一小学、第二小学、第三小学、第四小学、第六小学

北 戴 河 区： 西山小学、育花路小学

北 戴 河 新 区： 第一小学

山 海 关 区： 桥梁小学

抚 宁 区： 金山学校、骊城学区第一小学、骊城学区殷陈庄小学

昌 黎 县： 昌黎镇第五完全小学、昌黎镇八里庄完全小学

卢 龙 县： 刘田各庄镇大寺小学

青龙满族自治县： 大石岭九年一贯制学校、茨榆山乡中心小学

北京教育科学研究院梁炬老师

湖北京山教育局张玉老师

鹤类基金会胡雅滨老师

阙品甲博士

东营市胜利锦华小学邢红明老师

马丁·威廉姆斯博士

中国观鸟会付建平老师

瑞典彼得森·布先生

秦皇岛市森林生态科普学校教师参加培训交流会

鹤舞海天 共享家园

——打造观鹤节特色旅游品牌

　　金秋时节，穿行在繁华的海滨城市，或许会在繁忙的间隙，不经意间抬头仰望，南迁的鹤群便与你不期而遇。它们三五成群、一家老少，父亲母亲轮流在前，引领守护着子女低空飞过；有的则结成数百甚至上千的大群，随着高空风向的变化，默契地编成"人"字形或"一"字形队伍，一边鸣叫一边盘旋而过。秦皇岛，这座因皇帝帝号而得名的城市，因《浪淘沙·北戴河》而闻名于世，更因其地处燕山与渤海的夹角地带，成为近500种迁徙候鸟南北迁徙的重要通道，是国内外知名的观鸟旅游休闲胜地。

　　每年国庆长假过后，这里就成了游客、候鸟的乐园。每年春秋季，数百万只候鸟由此经过，完成它们的万里大迁徙。英国观鸟人马丁·威廉姆斯先生曾这样评价秦皇岛的观鸟旅游资源："秦皇岛是远东观赏候鸟南北迁徙的最佳地，更是中国甚至世界范围内观赏鹤群、东方白鹳的南迁美景的最佳观赏地，在世界上没有任何一个地方可以与这里相比。"

　　为进一步提升秦皇岛市的观鸟爱鸟品牌，亮出秦皇岛生态名片，广泛营造保护森林、保护生态、保护湿地、爱护鸟类的良好氛围，自2019年秋季开始至2022年，连续四年的观鹤节暨自然嘉年华活动，不仅吸引了更多的市民在深秋、初冬时节养成欣赏鹤舞海天的习惯，也让任鸟飞项目鹤类调查组队员在指导市民、学生观鸟的同时，收获了更多的快乐。据统计，在四届观鹤节期间，调查队员每年能够观察到迁徙而过的丹顶鹤约400只、白鹤1 500只左右、东方白鹳6 000至9 000只，初步掌握了鹤类迁徙途经秦皇岛沿海的时间、规律。

2017 年年初，阿拉善 SEE 任鸟飞民间保护网络正式组建，秦皇岛市观（爱）鸟协会作为阿拉善 SEE 任鸟飞民间保护网络成员之一，在北京市企业家环保基金会任鸟飞项目组的支持下，先后开展了"任鸟飞系列湿地鸟类调查巡护项目"。

2016年7月，暴雨后的石河南岛全貌

石河南岛湿地
入选"最值得关注"湿地

2019年3月22日是世界水日。在这个特殊的日子里，中国科学院地理科学与资源研究所、阿拉善SEE基金会和红树林基金会联合发起的"最值得关注的十块滨海湿地"推荐与评选活动结果正式公布，秦皇岛市的石河南岛湿地幸运入选。

石河南岛湿地，是由石河入海口冲击而成的一座无人岛，也是世界8条鸟类迁徙通道中最重要的中国—澳大利西亚鸟类通道中的重要节点。石河湿地拥有丰富的野生植被和生物资源，包括100多种藻类和80多种浮游生物。

近年来，秦皇岛市观（爱）鸟协会在石河湿地共记录到近300种鸟类，其中有影像记录的达到200余种，包括8种国家一级重点保护野生鸟类和45种国家二级重点保护野生鸟类，以及6种中国特有的鸟种。

2018年，秦皇岛市观（爱）鸟协会收到中国科学院地理科学与资源研究所发来的最值得关注的十大湿地推荐函，邀请秦皇岛市观（爱）鸟协会推荐秦皇岛域内的重要湿地，参加全国"最值得关注的十块滨海湿地"推荐与评选活动。经过协会会长办公会商议，决定重点推荐石河南岛参加评选活动。经过近半年的评选和民间投票推荐，石河南岛最终成功入选全国首批"最值得关注的十块滨海湿地"。

2018年8月，大雨后的石河南岛局部

白额燕鸥　　　　　　　　　红颈滨鹬　　　　　　　　　白鹤

石河南岛湿地
野生动植物资源掠影

甘薯腊龟甲

伯瑞象蜡蝉

中突沟芫菁

赤缘吻红萤

红尺夜蛾

秀翅疏广翅蜡蝉

红灰蝶

丝带凤蝶

海滨香豌豆

砂引草

打碗花

沙苦荬菜

各级领导与游客在观看"任鸟飞——山海关生态科普摄影展"

任鸟飞—山海关生态科普摄影展

　　2019 年 7 月 8 日下午，秦皇岛市关心下一代工作委员会副主任冯国华、范怀良在市委组织部副部长、老干部局局长李建荣，市关心下一代工作委员会秘书长张晓慧，秦皇岛市观（爱）鸟协会会长宋金锁，以及山海关区委、组织部、老干部局、山海关区林业局等相关领导的陪同下，参观了山海关区古城山海关摄影家协会展馆的"任鸟飞—山海关生态科普摄影展"。这次摄影展由秦皇岛市观（爱）鸟协会联合市关心下一代工作委员会、山海关摄影家协会及山海关野生动植物保护协会共同举办，得到了阿拉善 SEE 基金会的支持，展出了包括丹顶鹤、白尾海雕等近百种珍稀鸟类的图片以及山海关区石河湿地的秀美风光，旨在引导人们爱护自然、保护环境，树立正确的生态文明道德观，保护好适合鸟类生存的生态链。

　　在参观过程中，冯国华同志指出，山海关区石河湿地为鸟类创造了良好的生存环境，这是大自然赐予的宝贵财富，我们一定要保护好这里的生态，积极宣传环保，人人争当环保卫士。范怀良同志指出，山海关区的自然环境适合多种鸟类繁衍、生息，对那些捕猎鸟类的行为要坚决制止，保护好自然环境，也是在保护我们人类。山海关区委常委、组织部部长史国伟表示，将加大力度做好生态文明的宣传工作，践行"绿水青山就是金山银山"的发展理念，积极组织"五老"发挥作用，引领青少年参加生态环保实践活动，人人争做保护生态环境的接班人。

七里海湿地的保护建议与方案

2019年8月，北戴河新区海洋和渔业局在《秦皇岛日报》《秦皇岛晚报》刊发了《七里海潟湖湿地生态修复工程（一期）鸟类影响评估报告》征求意见稿后，秦皇岛市任鸟飞项目组第一时间编写了《关于七里海潟湖修复工程的建议》（见附件1），并通过电子邮件方式发送给北戴河新区海洋和渔业局。该局对此给出回复（见附件2），邮件的详细内容如下：

关于七里海潟湖修复工程的建议

秦皇岛市观（爱）鸟协会

秦皇岛市观（爱）鸟协会（以下简称：我协会）在收到七里海潟湖湿地生态修复工程（一期）鸟类影响评估报告后，认真仔细的阅读了报告内容，评估人员从保护七里海潟湖的原则出发，对七里海修复工程进行评估，实事求是地提出了评估意见和建议。我们认为评估报告总体实事求是，意见建议恰如其分，但我协会对修复建设工程项目的规划仍存有疑虑和担忧。具体赘述如下：

一、七里海潟湖是大自然奇迹，任何人对它的破坏都是逆天。

上苍偏爱秦皇岛市，千百年来，在昌黎黄金海岸造就了自然的海湾、沙丘、潟湖和湿地。这样奇特的地理环境不仅国内独有，在世界范围内也属罕见。

解放后，我市响应周总理关于植树造林的号召。经过几十年的艰苦奋战，在潟湖与沙丘间平添了一条苍翠绿带，使这里景观更加令人称奇。

七里海湿地是秦皇岛市的骄傲和自豪，我们有义务和责任保护好这块上天的恩赐。不管是有意还是无意，谁破坏七里海湿地的生态环境都是逆天，大逆不道。

二、从政治层面，通盘考虑七里海潟湖修复建设工程。

北戴河沿海湿地，不仅包括滦河口、七里海、北戴河、山海关，这几块秦皇岛境内著名的湿地。1997 年 3 月，由中国、日本、蒙古、韩国、俄罗斯等国家有关组织的高级官员和专家代表共 120 余人联合发表的著名的《北戴河宣言》，将北戴河及周边湿地命名为"北戴河湿地"，纳入国际湿地保护网络，将秦皇岛至唐山沿海范围内的湿地均包括在内。

从更大范围讲，包括辽宁绥中、唐山曹妃甸、天津滨海湿地等多样的生态环境造就了秦皇岛北戴河海滨的小气候，即冬无严寒，夏无酷暑。我们认为，北戴河海滨之所以被清光绪帝御批为中外人士避暑地，特别是解放后能成为党和国家领导人及广大人民群众暑期休息的地方，主要还是因为这里有得天独厚的自然环境和适宜的气候。

然而，近几十年来，由于经济发展、无续开发，秦皇岛周边的湿地几乎损失殆尽，境内的湿地也锐减六成左右，致使秦皇岛的生态环境，特别是原有的小气候不断恶化。如果我们不注意保护秦皇岛境内仅剩下的七里海潟湖及附近湿地，北戴河海滨将失去独特的生态环境优势，北戴河将不北戴河了，在国内外影响之大是可想而知的。

三、迁徙鸟类的核心区，《中国观鸟之都》美誉来之不易也不能毁在我们手里。

据记载，外国鸟类学者从 18 世纪末 19 世纪初就来北戴河观鸟。著名外交家冀朝铸先生曾说，北戴河观鸟有着重要意义，欧洲人认识、了解中国可以说是从到北戴河观鸟开始。

近百年来，中外鸟类专家都认为，秦皇岛是名副其实的观鸟胜地，也是我国记录鸟种和总数最多的地方之一，更被欧洲观鸟人誉为观鸟的"麦加"，世界四大观鸟圣地之一。

由于众所周知原因，秦皇岛境内的南戴河湿地、北戴河湿地、滦河口湿地均已荡然无存。作为仅有的两个《中国观鸟之都》的城市之一，如果把七里海潟湖及附近湿地这唯一可支撑观鸟之都的核心地方再破坏了，我们就会成为历史的罪人，环境的罪人。"观鸟胜地"、"观鸟之都"的美誉也都会因此毁在我们的手里。

四、七里海潟湖修复是必要的，但一定要尊重自然，科学规划。

改革开放以来，由于我们原来不了解自然，不敬畏生态，七里海广阔的水面发展水上养殖，大面积湿地被开发成养虾池和稻田，潟湖和湿地的生态功能严重受损。修复这里的生态是必要的，但一定要尊重自然，尊重现实，科学规划。因此我们建议如下：

1，以修复为主，修复建设为辅，杜绝劳民伤财的大修大建。

2，改变湖区和湿地的使用权结构。用购买方式终止水面、湿地原承包合同，收回违法违规占地，依据现状划分核心、缓冲区范围。

3，尊重现实。考虑这里现状已经存在几十年，距原貌甚远。规划时，不能强调再回复原貌，提倡在现有的状态下适当调整。

4，尊重自然规律，关注动植物习性。把钱用在刀刃上，把有限的资金用于保护核心区。水面、滩涂、湿地、陆路造就了动植物的多样性，而动植物也选择、习惯了自己的生存环境和空间。为了修复而修复或回复原貌而大兴土木、大拆大建，不仅有违自然，还会人为重新制造生态灾难。

5，先保留现有潟湖湿地现状，保证生物多样性与候鸟迁徙途中觅食、栖息，尽可能先修复回收的养殖区生态，在修复的养殖区恢复生态多样性并可取代现潟湖湿地的功能后再对潟湖湿地进行修复。

6，加强管理。建立潟湖湿地管理机构，建章立制，强化管护。

7，对于七里海潟湖湿地如何修复，希望组织国内外生态、鸟类专业的专家、学者与专业观鸟团队进行专家、学者论证。

8，科学规划，杜绝伪修复。坚持习总书记提倡的科学生态理念，杜绝以修复生态环境为名以兜售成就、业绩，个人私利为实而大兴土木，建设为少数人服务的楼堂馆所、高档游乐场所。

9，在保证不影响鸟类栖息、繁殖的前提下，制订生态修复规划，在合适的区域建设少量观鸟亭，木栈道本身需要大量木材，生态环保项目不建议使用大量木材铺设木栈道，一是本身成本高，二是每年维修成本过高。

以上为我协会会员依据十余年鸟类监测、调查与湿地生态调查结果，对七里海潟湖湿地修复工程提出的针对性建议。期待并提请相关单位、部门将七里海潟湖湿地修复工程的最终方案、环评数据、施工许可等相关信息提前对外公开，接受公众监督，并在方便时提供一份给秦皇岛市观（爱）鸟协会。我们将不胜感激。

秦皇岛市观（爱）鸟协会

2017 年 9 月 11 日

地址：秦皇岛市海港区兴源街 14 号 502 室

邮箱：qhdgnh@126.com

联系人：刘学忠（13903330335）、高宏颖（13903354068）

附件 2

秦皇岛北戴河新区海洋和渔业局

秦皇岛北戴河新区海洋和渔业局
关于《秦皇岛市观（爱）鸟协会关于七里海潟湖修复工程的建议》的回复

秦皇岛市观（爱）鸟协会：

首先感谢贵协会对七里海潟湖湿地生态修复工程（以下简称：七里海项目）提出的宝贵建议，我局将虚心采纳，尊重自然，科学实施。现我局从以下几个方面予以答复。

一、国家高度重视生态环境，同意实施七里海项目。

蓝色海湾整治行动是中国"十三五"规划纲要中的重大海洋工程之一，并同步推进"蓝色海湾""南红北柳""生态岛礁"海洋生态修复工程。党的十八大以来，以习近平同志为总书记的党中央高度重视生态环境问题，坚持保护优先、自然恢复为主，实施山水林田湖生态保护和修复工程，构建生态廊道和生物多样性保护网络，全面提升森林、河湖、湿地、草原、海洋等自然生态系统稳定性和生态服务功能。深入贯彻落实"绿水青山就是金山银山"理念，加强水生态保护，系统整治江河流域，连通江河湖库水系，开展退耕还湿、退养还滩。推进荒漠化、石漠化、水土流失综合治理。强化江河源头和水源涵养区生态保护。开展蓝色海湾整治行动。加强地质灾害防治。

2016 年，国家支持沿海开展蓝色海湾整治行动，河北秦皇岛、福建厦门等成为全国首批 18 个试点城市，主要实施海岸整治修复、滨海湿地恢复和植被种植、近岸构筑物清理与清淤疏浚整治、生态廊道建设、修复受损岛体等工程。通过开展蓝色海湾整治行动，改善海洋生态环境质量，提升海域、海岸带和海岛生态服务功能。2016 年 11 月 30 日国家海洋局和财政部批复同意《秦皇岛市蓝色海湾整治行动实施方案》。

七里海潟湖湿地生态修复工程是《秦皇岛市蓝色海湾整治行动实施方案》的子项目之一，该项目拟通过实施退养还湿、清淤疏浚、岸线整治、植被修复等重点工程，综合整治七里海潟湖湿地。

二、解决历史遗留问题，地方政府全力支持，七里海项目是有力措施。

七里海片区存在的养殖问题是历史遗留问题，上世纪七十年代为了解决百姓的吃饭问题，地方政府鼓励开展了大规模围海造田种植水稻，在七里海内形成了大面积稻田。1985 年前后政府鼓励支持沿海农民开展海水养殖，使七里海潟湖周边形成了大面积的养殖池塘。后该区域划入保护区（保护区 1990 年成立），做为治理核心区和实验区进行管理。

现七里海违法围填海、违法养殖问题已被同时纳入国家七部委"绿盾行动"和国家海洋督察清单，要求限期整改完成，而七里海项目的实施正是完成七里海整改内容的有效措施。

七里海项目的实施进度还关系到整个秦皇岛市蓝色海湾整治行动的验收，若项目无法实施，国家将如数收回中央资金，同时还要进行问责。

为全力完成国家整改任务和推进七里海项目实施，秦皇岛北戴河新区管委配套1亿地方资金用于七里海养殖退养，由此可见地方政府对七里海潟湖整治修复做出的巨大贡献与支持。

三、"标本兼治"，七里海项目优先计划。

七里海潟湖整治修复已被纳入到《昌黎黄金海岸国家级自然保护区专项规划》（2018-2035年），是优先行动计划。保护区海陆兼备、自然生态环境多样，动植物资源丰富。地处东亚地区鸟类南北、东西迁徙的交汇区，鸟类组成丰富，珍惜种类众多，是"世界珍禽"黑嘴鸥和"活化石"文昌鱼的主要栖息地之一，是我国北方最具代表性、保存最完好的综合海岸海洋生态系统。但七里海的人类养殖活动对环境造成很大的影响，七里海养殖池塘大量未经处理的养殖废水直接排海，使水体中N、P含量升高，营养盐含量不断增加，加速了藻类在春夏季的繁殖和水体的富营养化，海水环境质量下降导致文昌鱼的生物量呈现下滑趋势；大范围的人类养殖活动也影响到鸟类的迁徙与生活。

若只完成养殖池退养，而保留养殖坑塘，一是坑塘容易形成死水，不利于自然环境修复，二是一定会存在渔民偷摸养殖行为，那是只能"治标"，而不能"治本"，三是在后期主管部门进行保护区管理时，存在很大的难度。七里海项目旨在从根源上清除人

类活动，充分利用自然生态修复的理念和方法，综合整治七里海潟湖湿地生态环境。

四、七里海项目以"生态优先、科学恢复"为指导思想，尊重自然、因地制宜。

习近平主席在全国生态环境保护大会上指出：生态文明建设是关系中华民族永续发展的根本大计；生态兴则文明兴，生态衰则文明衰；生态环境安全是国家安全的重要组成部分，是经济社会持续健康发展的重要保障。七里海项目拟通过退养还湿、清淤疏浚、岸线整治、植被修复来对七里海区域生态环境进行整治，是秦皇岛"蓝色海湾"整治工程的重要组成部分，对于提升区域生态文明水平、提高生态环境质量意义重大。本项目没有任何生产设施建设。

七里海项目以"生态优先、科学恢复"为指导思想，根据恢复湿地的生态完整性、自然结构和自然功能原则、流域管理原则、美学原则和海洋整治的"陆海统筹、保护优先、尊重自然、因地制宜"原则，增加生物多样性，修复潟湖生态系统，营造不同栖息环境，提供丰富食物来源，为鸟类提供一个理想的生境。本项目场地现状为大量养殖池，占据了大面积的潟湖水面，使水面积不断萎缩。养殖池塘均为土质围埝，有引、排水沟渠与潟湖相通。清淤疏浚工程在停止现状养殖活动后进行，保留现状池底泥，仅对养殖池围埝进行清除。岸线整治工程以"生态优先、科学恢复"作为主要设计原则，同时考虑"以鸟为本、土方平衡，

生境修复，微量实验观测"等其他原则。方案深化始终以生态自然为前提，综合考虑了各种方面，在此基础上，进行了平面布局、竖向设计、岸线设计、植物设计等方案设计，营造适于各种生物、尤其是鸟类的适生生境，达到恢复岸线的生态效应、自净效应的目标，以修复七里海潟湖海岸带生态系统。七里海项目计划工期为2~3个月，施工周期短，尽量减少对环境的影响时间。

保护区主管部门将加强保护区的基础设施建设和管理能力建设，提高保护区的保护和管理能力。保护区设立保护站作为检查基地，并对保护区进行巡护管理。保护区将健全保护管理规章制度和条例，明确管护职责，同时完善执法机构建设，强化法制宣传，严格执行国家和地方有关自然资源保护的政策、法律、法规条例，使"保护区"管护工作步入法制化、正规化轨道。任何机构、科研工作者想要进入七里海进行科研宣教活动，必须向保护区主管部门及海域主管部门进行申请备案，同意后方可进入，而且严格控制同时进入人数。

同时，七里海项目海洋环境影响评价报告编制单位自然资源部第三海洋研究所已按照贵协会提出的意见和专家评审意见对报告进行了修改完善，其回复见附件。

综上，我局将深入贯彻习近平新时代中国特色社会主义思想，坚持"绿水青山就是金山银山"，严格遵守国家相关法律、法规，本着生态优先、科学恢复的原则，全力实施好七里海项目，改善七里海潟湖湿地生态环境，使七里海成为秦皇岛乃至华北地

区一颗熠熠放光的珍珠。

附件：自然资源部第三海洋研究所关于秦皇岛观（爱）鸟协会提出的问题的相关解释

秦皇岛北戴河新区海洋和渔业局

2019 年 8 月 22 日

2020 年 12 月 2 日，秦皇岛市观（爱）鸟协会名誉会长范怀良、副会长高宏颖来到北戴河新区七里海潟湖一期修复工程现场，向河北昌黎黄金海岸国家级自然保护区负责人了解七里海潟湖修复工程启动后的鸟类栖息情况。

5

自然资源部第三海洋研究所
关于秦皇岛观（爱）鸟协会提出的问题的相关解释

1、对鸟类的影响分析，多数水鸟在本区域繁殖或者迁徙途中停歇，并不在此越冬的观点有误，七里海是灰鹤、豆雁、赤麻鸭、翘鼻麻鸭等鸟类在我市的主要越冬地。

回复：已核实、修订。

2、对鸟类栖息地的影响评价：鸟类主要分布区为潟湖的周围以及潟湖西北部的浅水区及滩涂湿地，尤其滩涂湿地，描述不准确；鸟类分布区域是整个七里海潟湖湿地。

回复：本工程拆除养殖池塘还海，增加七里海湿地面积，有利鸟类栖息。

3、对鸟类群落的影响评价：项目实施后，随着鸟类的恢复，预期鸟类群落总体结构以及优势类群不会发生显著改变，鸟类将不会发生明显的群落演替。我们认为项目实施后，由于生态环境与生物多样性的改变而影响到鸟类，鸟类群落总体结构以及优势类群肯定会发生显著改变。

回复：拆除养殖池塘、促进湿地自然修复，改善生态环境，有利于提高鸟类种群多样性。建议今后对鸟类群落变化开展观察比较。

4、对鸟类保护物种的影响评价：调查人员仅仅利用了6

天时间就在项目区共记录到国家二级重点保护动物4种，分别为鹤形目鹤科的灰鹤、隼形目隼科的红隼和燕隼及鹰科的白尾鹞。全球濒危物种(EN)1种，为大杓鹬；全球近危物种(NT)5种，分别是白腰杓鹬、黑尾塍鹬、斑尾塍鹬、红腹滨鹬和蛎鹬。而我会会员在该区域每年都能记录到赤颈䴙䴘、角䴙䴘、黄嘴白鹭、白琵鹭、赤腹鹰、日本松雀鹰、松雀鹰、雀鹰、苍鹰、白头鹞、白腹鹞、鹊鹞、毛脚鵟、大鵟、普通鵟和小青脚鹬等16种国家二级重点保护动物和白鹤、丹顶鹤、白头鹤和东方白鹳等4种国家一级重点保护动物。且很多鸟类数量庞大。评价认为猛禽类处于食物链顶端，飞行能力强，活动范围广，项目实施对影响相对较小。游禽和涉禽均为迁徙性鸟类，项目施工避开春、秋两季的鸟类迁徙高峰期及越冬期，选择在夏季施工，可显著减缓对上述鸟类的影响。周边地区分布有大面积的可替代生境，如滦河口湿地(面积约2万 hm^2，距离约12km)、北戴河湿地(3万 hm^2，距本项目26km)、滦南湿地(0.82万 hm^2，距离本项目76km)可减缓项目施工对上述鸟类的不利影响。项目对保护鸟类的不利影响是暂时的。类似的观点全是以我们人类的思维方式去考虑鸟的行为，千百年来，候鸟沿着固定的通道迁徙，鸟类不会按照环评人员的想法与建议而改变它们的生活习性。

回复：该部分内容已修改完善。除增加现场调查外，也采纳了秦皇岛市观（爱）鸟协会提供的资料做进一步的分析。

协会更名迁址　　组建鸟类救助站

　　2020年，秦皇岛市观（爱）鸟协会正式更名为秦皇岛市观爱鸟协会，协会的办公注册地址由原秦皇岛日报社迁出，新注册地址搬迁到秦皇岛市北戴河区小薄（泊）荷寨（108公路边化学试剂厂院内），并与北戴河区翼展鸟类救养中心联合组建了秦皇岛鸟类保护与科普教育联合党支部。两家社会组织开始在鸟类救助方面联合行动，共享办公场所。2020年年底，秦皇岛市观爱鸟协会、北戴河区翼展鸟类救养中心、北戴河野生动物救助站联合向秦皇岛市林业局提出申请，拟在原北戴河野生动物救助站的基础上创建秦皇岛鸟类收容救助站。

　　2021年4月，秦皇岛市林业局批准同意成立秦皇岛鸟类收容救助站，5月8日，在山海关举办的"2021•秦皇岛鸟类保护加强年"活动现场，秦皇岛市林业局局长张西敏向新成立的秦皇岛市鸟类收容救助站授牌，秦皇岛市观爱鸟协会会长宋金锁代表联合申请组上台接牌。

2020 年 6 月 1 日，协会秘书处陪同老领导来到湿地边。

北戴河河口海湾综合整治修复工程鸽子窝湿地段按下暂停键

习近平总书记曾批示，要求打好渤海综合治理攻坚战，推动渤海生态环境质量稳步改善，还渤海以水清滩净、和谐美丽。

2020 年 6 月 9 日，针对秦皇岛市海洋与渔业局实施的北戴河鸽子窝湿地修复工程引发志愿者讨论一事，秦皇岛市海洋和渔业局召开座谈会，与会人员以习近平生态文明思想为指导，经过深入交流，进一步解放思想，就暂停实施北戴河河口海湾综合整治修复工程鸽子窝段达成一致共识。

秦皇岛市海洋和渔业局实施的金屋至浅水湾浴场侵蚀岸段沙滩修复工程、北戴河河口海湾综合整治修复等九项具体工程，是国家渤海综合治理攻坚战行动计划的一部分。

2018 年，生态环境部、国家发展改革委、自然资源部联合印发的《渤海综合治理攻坚战行动计划》提出，到 2020 年，渤海近岸海域水质优良（一、二类水质）比例达到 73% 左右，自然岸线保有率保持在 35% 左右，滨海湿地整治修复规模不低于 6 900 公顷，整治修复岸线新增 70 公里。行动计划确定开展陆源污染治理行动、海域污染治理行动、生态保护修复行动、环境风险防范行动等四大攻坚行动，明确了量化指标和完成时限。陆源污染治理行动，包括针对国控入海河流实施河流污染治理，推动其他入海河流污染治理等；海域污染治理行动，包括实施海水养殖污染治理，清理非法海水养殖等；生态保护修复行动，包括实施海岸带生态保护，划定并严守渤海海洋生态保护红线，确保渤海海洋生态保护红线区在三省一市（辽宁省、河北省、山东省和天津市）管理海域面积中的占比达到 37% 左右。秦皇岛市的主要任务是以生态保护红线管控、海岸生态保护修复等为突破口，守红线、治岸线、修湿地，系统推进海洋生态保护与修复，提高海洋资源环境承载力。

北戴河河口海湾综合整治修复工程，属于滨海湿地整治修复工程，市海洋和渔业局为实施主体，工程主要包括滨海湿

2020年6月1日，老领导与市海洋和渔业局工作人员座谈。

2020年6月9日，市海洋和渔业局座谈会召开现场。

2020年6月9日，协会秘书处在副会长高宏颖的带领下来到市海洋和渔业局参加座谈会。

准备施工的车辆退出湿地。

地修复、岸线修复和生态廊道等内容，希望通过项目实施，有效遏制湿地退化趋势，恢复湿地生态功能，维持湿地生态系统健康。

北戴河河口海湾综合整治修复工程计划在6月上旬实施，北戴河鸽子窝湿地生态恢复工程启动初期，就有市民本着对家乡的热爱，通过多种方式发声，表达对这片湾内唯一的城市湿地未来的担忧之情。这一情况很快引起了市委、市政府主要领导的高度重视以及各级媒体、国内外行业组织的高度关注。

当日，在秦皇岛市海洋和渔业局组织的座谈会上，市老领导杨玉忠、菅瑞亭、周卫东、李秦生，中国生物多样性保护与绿色发展基金会秘书长周晋峰，市海洋和渔业局局长陈小虎，河北省地矿局第八地质大队，秦皇岛市观爱鸟协会，以及市海洋和渔业局有关负责同志出席会议。市老领导范怀良主持会议。

市海洋和渔业局局长陈小虎就近期实施的海岸线修复的系列工程作了介绍；省地矿局第八地质大队副队长张甲波介绍了北戴河河口海湾综合整治修复工程的有关情况；秦皇岛市观爱鸟协会主要负责同志围绕改善湿地生态环境、提升湿地环境承载能力提出了意见建议；中国生物保护与绿色发展基金会秘书长周晋峰在宏观层面介绍了全国各地生态修复工程的环保理念和先进经验。

市老领导杨玉忠、菅瑞亭、周卫东、李秦生、范怀良均发表了明确的意见。

修复沙滩的沙子是否会被潮水再度带走、侵蚀？

鸽子窝海滩湿地退化的根源是什么？

修复人员对这片具有代表性的湿地了解多少？

这里有哪些动植物？

湿地是否有必要补植植物，补植后的植被是否会影响到湿地鸟类与生物的生活？

修复湿地是为了恢复自然生态，还是仅仅为了我们人类，我们是要自然的湿地还是要人工的景观湿地？

如何科学实施这一工程，提升湿地的自我修复能力、自然演替能力，恢复生物多样性？

围绕着以上问题，与会人员进行深入交流，通过座谈会更新了观念、解放了思想，让大家上了一堂生动的生态教育课。

会议达成以下结论：

1. 要以习近平生态文明思想为指导，深入理解习近平总书记就渤海综合治理攻坚战作出的重要批示精神，本着对历史负责、为子孙造福的态度，避免就工程谈工程，围绕着如何保护好秦皇岛的海洋生态环境，如何把秦皇岛环境变得越来越好的主题，进一步科学论证，听取各方意见建议，改进施工方案，科学实施生态修复项目。

2. 秦皇岛是"中国观鸟之都"，北戴河被誉为观鸟的"麦加"，生态良好是秦皇岛的金字招牌，鸽子窝湿地是秦皇岛展示生态的最亮丽名片，是秦皇岛人的乡愁，要倍加珍惜这为数不多的城市湿地，擦亮秦皇岛的生态名片。

3. 要不忘初心，充分解放思想，尊重科学，敬畏自然，运用新理念、新手段保护自然，摒弃用人类的思维和理念去规划鸟类和植物、动物的行为；要进一步加大宣传力度，宣传保护海岸、保护湿地的意义和作用，让公众认识到保护生态的重要性，广泛参与进来。同时，启动秦皇岛沿海生物、植物、微生物调查，摸清底数，制订海岸综合保护方案，要划定红线、绿线、蓝线，区分出旅游区、鸟类保护区、植物保护区，科学施策，因地制宜，依法开展修复、保护工作。

4. 多年来，市海洋和渔业局围绕海洋和沙滩岸线修复有规划、有资金、有效，做了大量卓有成效的工作，值得充分肯定，召开这次座谈会听取各方意见，充分体现了市海洋和渔业局的科学的态度和务实敬业的工作作风。

会议最后决定：

1. 继续解放思想，更新观念。加大生态宣传力度，特别是领导、设计施工方更要解放思想，更新观念。用座谈会上统一的思想重新审视已有的设计、施工方案，进一步改进、完善。

2. 要摒弃将修复当作景观设计的理念，充分吸纳座谈会的意见、建议，完善其他海湾施工方案，提升施工的实际效果，用足用好国家资金，实现社会效益和生态效益双赢，为海洋的可持续发展进行创新。

3. 暂停实施北戴河河口即鸽子窝湿地海湾综合整治修复工程，在充分调查、测实这里生物、植被、沙、土、泥、潮汐变化的基础上，科学决策是否实施修复工程。

4. 立即采取措施解决山海关石河南岛防火，水系盐水、淡水平衡，外来植物侵入疯长等问题，以后，要禁止在湿地范围内大量植树。

2020 年世界海洋日主题是：为可持续海洋发展进行创新；保护红树林，保护海洋生态。

2020 年国际生物多样性日的主题是："以自然之道，养万物之生"。

2020 年世界环境日主题是：聚焦自然和生物多样性，具体为"关爱自然，刻不容缓"。

三个世界性的主题日活动，都在明确地告诉我们：尊重自然、关爱自然，以自然为基准就是底线。以人的思维去修复湿地，建造漂亮、整洁的景观，那不是自然的，也不是生物多样性的生存环境，修复是要把这个地方修好还给自然，还给海滩的动植物。要少大动干戈，少做劳民伤财的蠢事。

秦皇岛市观爱鸟协会出资 3 万余元对石河南岛周边湿地水域撒播花蛤。

2020 年 12 月 27 日，会员冒着寒风在石河南岛四周安装警示牌。

鸟类湿地调查巡护组队员在岛上巡护调查后合影

石河南岛底栖生物修复工程启动

　　2020 年 10 月 18 日，秦皇岛市观爱鸟协会开始实施石河南岛底栖生物修复工程。在石河南岛的 30 亩滩涂海域，试验性播撒花蛤苗 23 000 斤，以期通过种苗繁育恢复这里的海底生物种群数量，为鸟类迁徙停留提供食物补给。

　　石河南岛陆面面积 80 余公顷，海岸线总长 3.54 公里，动植物资源十分丰富，岛屿湿地为候鸟提供了重要栖息地，是候鸟迁徙重要的踏脚石。每到迁徙季都有大量候鸟在石河南岛停留。典型的水鸟有长尾鸭、黄嘴白鹭、小勺鹬等，还有诸多国家一级保护鸟类，如黑嘴鸥、黑鹳、黑脸琵鹭等。

　　2017 年，石河南岛生态修复工程启动后，由于岛四周的底栖生物与多年堆积的淤泥、沙石被清除，导致依赖海滩底栖生物进行补给的迁徙鸟类觅食困难。鸟类找不到充足的食物，就无法完成迁徙，从而会在半途中死去。花蛤是白鹭、鸻、鹬等鸟类的主要食物。2020 年，秦皇岛市观爱鸟协会出资 3 万余元，请有经验的养蛤人对岛周边湿地水域撒播花蛤，并在岛周边安装警示牌，提示赶海人不要到试验区域赶海，同时对试验区域严格管控，精心看护，以期达到预期效果，缓解鸟类食物匮乏危机。

春寒料峭调查忙

2021 年 3 月 20 日，来自秦皇岛海关技术中心国家重点实验室的昆虫学、分子学、植物学、海洋生物学等相关专业的博士、博士后专家，利用周末时间，与秦皇岛市观爱鸟协会石河南岛任鸟飞项目组的队员一起，冒着早春微带寒意的冷风，对南岛沿海湿地浅水区域内的底栖生物展开调查。在刺入肌骨的海水中打捞、探查近海生物物种、数量。

2021 年，秦皇岛市观爱鸟协会与几位专家连续开展了 5 次调查，以准确掌握石河南岛及其周边底栖生物的基础数据，为开展生物修复工程提供数据支撑。

走进雄安新区，交流护鸟经验

2022年6月21日，盛夏时节，受雄安新区有关领导和单位的邀请，秦皇岛市观爱鸟协会名誉会长范怀良、会长宋金锁、副会长高宏颖、秘书长刘学忠来到雄安新区安新县，与当地县委领导、相关单位的领导、爱鸟人士交流爱鸟护鸟经验。双方决定联合开展秦皇岛—雄安观鸟、护鸟系列活动，其中包括鸟类摄影展、鸟类调查等，帮助安新县编辑白洋淀鸟类手册，成立安新县观爱鸟协会等。

在这次交流活动中，秦皇岛市观爱鸟协会的负责人与安新县的领导和工作人员分享了他们各自在观鸟、护鸟方面的经验和做法。秦皇岛市观爱鸟协会介绍协会的发展历程、组织架构、活动内容以及取得的成果等。同时，还就如何更好地保护和利用鸟类资源，提高人们的爱鸟护鸟意识提出了建议和意见。

为了让更多的人了解和参与到观鸟护鸟的活动中来，秦皇岛市观爱鸟协会还在安新县白洋淀旅游景区边，与安新县联合举办了秦皇岛—雄安鸟类摄影展，展出了大量珍稀鸟类的照片。

交流活动结束后，安新县的观鸟爱鸟志愿者成立了观爱鸟协会。秦皇岛市林业局为秦皇岛—雄安鸟类摄影展开幕暨安新县观爱鸟协会成立发去了贺信。

鸟类保护工作研讨交流会

秦皇岛市林业局

秦皇岛市林业局
致秦皇岛－雄安鸟类生态摄影展开幕
暨安新县观爱鸟协会成立的贺信

北戴河是观鸟的麦加，白洋淀是鸟类的天堂。秦皇岛－雄安鸟类生态摄影展，是两地志愿者首次携手保护鸟类、湿地工作，倡导生态文明的一次成功尝试，摄影展丰富、精彩的摄影作品，展现了两地在生态保护上所取得的重大成就和丰硕成果。

鸟语花香，莺歌燕舞，是国人对美好生活的形象描述。在这个美丽的收获季节，庆贺两地摄影展开展的同时，欣喜得知安新县观爱鸟协会正式成立，我局携秦皇岛市观爱鸟协会、秦皇岛鸟类收容救助站全体人员向安新县观爱鸟协会全体同仁致以热烈的祝贺！

我们相信，随着两地志愿者的携手行动，必将为两地大力弘扬生态文明，践行总书记"要像保护眼睛一样保护生态环境，像对待生命一样对待生态环境"的理念，全面凝聚各界人士形成新的合力，为推动两地生态保护做出更大贡献！

秦皇岛市林业局
2022年9月28日

2022年9月，秦皇岛市林业局的贺信。

市关心下一代工作委员会副主任范怀良为摄影展题词。

秦皇岛市观爱鸟协会宋金锁与山海关区长城保护员。

各级领导在鸟类摄影展展厅前交流。

摄影展开幕现场，王文国介绍长城沿线鸟类资源。

摄影展展厅

开幕式现场，王静元（左二）向各级领导介绍她捐赠的藏品。

开幕式现场，王文国夫妇在捐赠的文物展台前合影。

秦皇岛市观鸟、爱鸟志愿者在摄影展厅前合影。

任鸟飞秦皇岛长城沿线鸟类摄影展

2023年5月18日，秦皇岛市关心下一代工作委员会副主任范怀良在秦皇岛市旅游和文化广电局局长乔树荣、山海关区区长刘尤优、秦皇岛市观爱鸟协会会长宋金锁、顾问傅勇等领导的陪同下，参观了山海关长城博物馆展馆的任鸟飞"绿色长城·生态家园"秦皇岛长城沿线鸟类摄影展。

摄影展展出了百余幅珍稀鸟类的图片，这些都是协会党支部书记王文国在近年来独自创作的。举办这次以个人作品为主的摄影展，旨在引导更多的人保护鸟类、保护野生动植物、保护生态。同时，也希望通过这种形式，吸引更多的人参与到生态保护活动中来。

摄影展开展前，山海关长城博物馆隆重举办了文物藏品捐赠仪式暨摄影展开幕式。在开幕式现场，协会会员、党支部书记王文国的夫人王静元女士，将自己收藏数年的一批文物藏品捐赠给博物馆，用实际行动表达了他们夫妻二人投身公益事业、支持公益项目的决心。

珍禽栖息天马湖　　摄影：范怀良

对破坏生态环境的行为，不能手软，不能下不为例。

——2015 年 3 月 6 日，习近平在参加江西代表团审议时的发言

48

第三章　开展调查巡护，守护沿海湿地

守候在海边　艰辛又浪漫

秦皇岛晚报　王鸽　刘学忠

2018 年 11 月 17 日，秋季迁徙高峰第 23 个调查日。

守候在北戴河湿地的市观（爱）鸟协会"任鸟飞"项目调查员，收获了惊喜的"礼物"。

清晨，上千只洁白大鸟飞掠过天空，在消失于天海相接处之前，收起镶着黑边的翅膀，优雅降落，红色长腿轻踩湿地浅滩，开始觅食。"东方白鹳！"趴在赤土山大桥观测点上的调查员们，激动得心"怦怦"跳，怕惊扰到鸟群，用眼神和口型互相确认着这群"国宝"级水鸟的名字。"嚓嚓嚓……"桥上响起按下快门的声音，不一会儿，国家一级重点保护野生动物"东方白鹳"的身影，被调查员用相机定格在北戴河湿地茫茫的海岸线上。觅食结束，头鹳一声鸣叫，鸟群开始起飞，半个小时后，最后几只白鹳才旋入高空。

"拍到了！"大伙儿掸落一身露水，击掌相庆，赶紧向观（爱）鸟协会等相关机构上传照片和数据。近几年，"东方白鹳"成群迁徙场面，已很少见，这一次，由调查员"守"来的珍贵记录，像鸟儿们特意送来的一份厚礼。

这个调查团是对湿地和迁徙鸟类进行调查和保护的民间公益组织，北戴河湿地调查组有 6 名成员，是一支精干的团队，包括两对夫妻组合和一对高龄组合。

17 日下午 1 点，记者来到湿地附近，调查员们还趴着相机，伏在赤土山大桥上。

"赤麻俏鸭，白琵鹭，今年稀客不少，'东方白鹳'更是惊喜。"调查组组长胡晓燕还在兴奋中，她和丈夫是经验丰富的爱鸟人士，加入团队后，夫妻俩每天从鸽子窝公园附近进入湿地，徒步走过十几里海岸巡查。

另一对夫妻搭档中的妻子姜伟，是有名的"千里眼"，鸟儿在空中还是一个小黑点，她就能喊出名字。

而乔振忠和刘顺成的二人组，别看年纪加起来快 150 岁了，却是队伍里的主心骨。"老刘责任心强，乔大哥绝对是个鸟类专家。"胡晓燕说。

"来了只鹭儿！"正说着，乔振忠突然往半空一指，一只黄褐色大鸟扑棱翅膀，擦着头顶飞过。"鹭是独行的猛禽，不像鹤和白鹭成群飞，但鸟儿的性子也各异，那'东方白鹳'虽然跟大部队走，其实特散漫。""只有遇到大风，它们才会组织起来，盘旋着围成一个巨大的球，那场面太壮丽了。"曾跟着鸟儿迁徙、往来30多个保护区的老乔伸开手臂，在原地转圈，模仿着白鹭的样子，周围不少路人被吸引，停下脚步。

"我们会跟大家讲鸟的故事、保护的重要性，老乔轻易不说话，一开口，绝对'圈粉'。"胡晓燕告诉记者。

下午3点，北戴河湿地到处黄灿灿的，阳光给鸟儿翅膀镀上层金膜，芦苇丛随风飘起像柔顺的金发，在桥头眺望的调查员，似一排黄金雕像。这个与城市道路接壤的湿地，如同天然展馆，是伸手可及的天堂。无论是不是活动日，调查员每天都来到这里，尽心守护，"今年珍稀鸟类明显增多，说明环境在变好，不让它们受到惊扰，明年，老朋友还一准儿还会来。"从晌午到黄昏，过境的候鸟并不多，调查员们依旧静静等待。

迁徙和守候，一直是件艰辛又浪漫的事。而调查，是想读懂鸟儿跋涉的痕迹，那每一次相遇的默契，都来自我们与大自然这场旷日持久的约定。

爱心托起飞翔的翅膀

河北台记者 李文斌　秦皇岛台记者 刘震

秦皇岛有一个爱鸟护鸟、保护生态环境的群体。人们俗称他们为"鸟人"。他们把保护鸟类、保护环境当作责任和操守，他们爱鸟，更热爱家乡的碧海蓝天和青山秀水。孔祥林、李军就是这个群体的杰出代表。

记者：大寒节气，冰封河面，去石河南岛要摆渡过河。清晨5点，船老大田师傅找来帮手，在通往石河南岛的冰面上破冰凿开了一条长近百米、宽三四米的通道，任鸟飞鸟类调查得以顺利进行。

孔祥林：冬天为了上去做普查，田师傅自己的心脏不好，那么冷的水，破冰也要把我们送到岛上去，这没有一点精神是不行的，志愿者也寸步难行。

石河南岛上，趴在冰面上的绿头鸭、赤麻鸭看到有人来，立即起飞驱赶"外来入侵者"，倒是小鸩、云雀成群与调查队员相伴，猛禽则在空中盘旋窥视着。

孔祥林：之所以破冰上去，就是看看鸟群种类是否稳定，有没有更多的外来因素破坏。鸟类保护的志愿者最重要的还是作为一个示范和宣传的作用，能用自己的行动去感化周边以前打鸟、捕鸟、食用鸟的人，去打消这种欲望心理。这样做效果很好，所以现在这些捕鸟、残害鸟的不法活动也在慢慢减少。

石河南岛是位于秦皇岛的天然岛屿，是候鸟迁徙途中的驿站和歇脚石，在不足一平方公里范围内发现了黑嘴鸥、黑鹳、黑脸琵鹭等300多种鸟类。

随着"绿水青山就是金山银山"的发展理念深入人心，

孔祥林所在的秦皇岛市观爱鸟协会在各方的支持下得以迅速壮大。去年，协会与秦皇岛海关技术中心共建了野生鸟类疫病监测和防控生物安全重点实验室，填补了对候鸟疫情监控的空白。2020年起，秦皇岛爱鸟协会筹措资金近20万元，在石河南岛湿地实施三批次的播撒花蛤苗，促使石河南岛水底生物良性循环。在秦皇岛市林业局的帮助下，秦皇岛市观爱鸟协会与北戴河翼展鸟类救养中心联合成立了秦皇岛鸟类收容救助站，仅半年就救助野生鸟类107只，其中80%以上为国家一、二级重点保护野生动物。

鸟类收容救助站负责人李军：救助的次数比往年同比增加了特别多，救助的氛围特别好，接力式的救助，老百姓的保护意识都在提高，发现问题时都能及时地给相关部门打电话。

在石河南岛湿地东不足1 000米，就是万里长城的起点老龙头，一边是年接待200万名游客的著名景区，另一边是野生鸟类迁徙、繁育的乐园。

孔祥林：人文景观和自然湿地离得这么近，是不是人与自然和谐的一种标志。再一个就是离不开政府的大力支持，志愿者队伍现在这么庞大，大家都愿意投身到志愿保护的行列，这些是社会风尚的一种好的体现。石河南岛作为在城市腹地的一块自然湿地，能为秦皇岛人的生活带来诸多乐趣，在这么近的距离就能投入大自然中，与野生鸟类亲密接触，这就是我们努力的目标。

秦皇岛：2023 观鸟护鸟系列活动启动

人民日报客户端河北频道 杨宽 李正男

2023 年 4 月 7 日，秦皇岛市 2023 年国际观鸟旅游、爱心护鸟飞翔系列活动启动仪式在秦皇岛野生动物园举行。活动现场放飞救助的野生雕鸮、红隼、白尾鹞、雀鹰、斑鸠、云雀等 17 只国家二级保护动物、8 只国家级三有保护动物。当天还发布了观鸟旅游精品路线。山海关区角山长城、海港区板厂峪、北戴河区联峰山公园、昌黎县碣石山等数十个观鸟点经过整理印刷成册，最终制作成《秦皇岛观鸟旅游手册》为现场的小学生和过往游客免费发放。

一场水中"芭蕾"在山海关石河上演

秦皇岛晚报 徐道树 摄影 谢庆和

近日，在山海关石河流域，在夕阳映衬下，近百只小天鹅呈现出漂亮的淡粉色或淡蓝色，有的姿态优雅在飞舞盘旋，有的在清澈的水面舒展着优雅的脖颈、相互梳理洁白的羽毛，有的在水中觅食。如一场水中"芭蕾"吸引着我市爱鸟者和市民前来欣赏、打卡。

"小天鹅与大天鹅在体形上非常相似，大天鹅嘴基的黄色延伸到鼻孔以下，而小天鹅黄色仅限于嘴基的两侧，沿嘴喙部延伸到鼻孔处。"市观爱鸟协会秘书长刘学忠介绍，山海关是鸟类迁徙的重要通道，这些小天鹅在初春北迁途中，会在山海关这个"加油站"暂时歇歇脚、补充身体能量后，将继续北迁到西伯利亚、蒙古国等地，开始长达近10个月的栖息繁衍生活。

"近日，除山海关石河一带发现天鹅群活动外，在洋河口、滦河、青龙河等均有迁徙群。"刘学忠说。近年来，随着我市生态环境的持续改善，洁净的海岸、清澈的水质和人们对我市禽类资源的进一步认知，爱鸟护鸟和为它们营造安全、舒适、洁净的栖息环境成为广大市民的自觉意识和行动。

据介绍，秦皇岛是西伯利亚、中国北方与中国南部、菲律宾、澳大利亚之间候鸟迁徙的重要驿站，观测到的鸟类有500余种。因独特的地理位置，复杂多样的地形地貌，丰沛的海洋、河流和大面积的森林、植被，初春和深秋迁徙的候鸟会停留在当地觅食、栖息和繁衍。

32只丹顶鹤落地秦皇岛

秦皇岛晚报 江虹 刘迅

"丹顶宜承日，霜翎不染泥。"2022年11月6日早上，32只丹顶鹤落地秦皇岛市鸽子窝湿地公园。市观爱鸟协会工作人员介绍，这是秦皇岛市域近十年来首次出现如此大规模的丹顶鹤落地景观。

胡晓燕是市观爱鸟协会任鸟飞项目调查员，她见证了美丽的丹顶鹤歌唱着飞过天空的盛况。她说，这些丹顶鹤应是在11月5日晚上来到了鸽子窝湿地公园。6日一早，她来到湿地时，发现有6小群共32只丹顶鹤在海岸线栖息觅食，直至上午10点多才离开。鹤群的一起一落，在空中飞翔的样子让人心驰神往。根据胡晓燕的统计，当天共有46只丹顶鹤在秦皇岛迁徙过境，她用相机记录下了丹顶鹤在鸽子窝湿地公园的影像。

据了解，丹顶鹤体长约160厘米，翼展240厘米，全身纯白色，头顶呈朱红色，站立时尾部黑色，雌雄相似，为国家一级保护动物。据专家估计，其中在中国境内越冬的仅有1 000只左右。

丹顶鹤的鸣叫声高亢、洪亮，它的颈长，鸣管也长，就像西洋乐中的铜管乐器一样，发音时能引起强烈的共鸣，声音可以传到3至5公里外。每年春季，2月末3月初离开越冬地迁往繁殖地，经过秦皇岛北戴河的时间在3月中旬至3月末。到达东北繁殖地的时间在4月初至4月中旬，秋季于9月末10月初开始离开繁殖地往南迁徙，迁经北戴河的时间在10月中旬至11月中旬，大量的在11月初。迁飞时呈V队。

32只丹顶鹤在海岸线栖息　摄影：赵志国

胡晓燕介绍："秦皇岛是连接东北与华北的咽喉要道，除了丹顶鹤外，白鹤、灰鹤、天鹅等珍稀鸟类也会来到这里。比如在11月6日当天，除了大量丹顶鹤外，还有一只东方白鹳在鸽子窝湿地公园休息、觅食，它被誉为'鸟中国宝'，是国家一级保护动物。"

"一段时间之内，迁徙中的丹顶鹤会从辽宁等地的湿地飞来，陆续经过秦皇岛，丹顶鹤对湿地环境变化十分敏感，需要与人类保持长远距离。"胡晓燕建议，对丹顶鹤感兴趣的市民不妨多抬头看看天空，说不定就能看到鹤群的身影。

上千只豆雁飞临北戴河湿地雁鸣响彻天空

秦皇岛晚报 刘旭伟 摄影 胡晓燕

2022 年 11 月 10 日，北戴河湿地迎来涨潮、大雾，远处看大海一片迷茫，湿地附近难见人影。然而就在 10 日、11 日这两天，大量的豆雁、鸿雁在浓雾中悄然齐聚北戴河湿地，阵阵雁鸣声响彻天空。

当豆雁和鸿雁停留在湿地觅食时，

远远望去好像湿地上的草丛。

当上千只大雁振翅高飞、

在湿地上空恣意飞翔盘旋时，

天空出现了由鸟类组成的巨大旋涡奇景。

任鸟飞项目专职调查员胡晓燕，

目睹并拍摄下了千只大雁飞翔的美景，

她目测这群大雁最多的时候，

能有 1 500 多只。

胡晓燕介绍，豆雁是大型雁类，主要栖息于开阔平原草地、沼泽、水库、江河、湖泊及沿海海岸和附近农田地区，飞行时双翼拍打用力，振翅频率高。豆雁是冬候鸟，迁徙多在晚间进行，白天多停下来休息和觅食，常成群活动，特别是迁徙季节，常集成数十、数百甚至上千只的大群。这么多豆雁来北戴河湿地停留，应该和最近的大雾天气有关。

金雕"落难"青龙大山间，150公里夜路接力紧急救援

秦皇岛晚报 王鸽

2022年10月10日，一只国家一级重点保护野生动物金雕落在青龙大山间，挣扎着无力起飞。被村民偶然发现后，一次越过150公里夜路的接力救援，迅速为它展开。

10日下午4点多，青龙八道河镇二道沟村村民李武正在自家的栗树林收秋，经过上山作业路时，他看到了一只貌似鹰隼的大鸟正在路边跌跌撞撞地走，不时扑棱下翅膀，却始终飞不起来。

"是不是受伤了呀？"李武小心翼翼地上前查看，手轻轻摸到这只猛禽身上，它却只是抬头瞧了瞧，并不反抗。老李简单地观察了一下，大鸟没有明显的外伤，担心它病得比较严重，就抱着回了村，汇报了情况。

大鸟的状态眼瞅着越来越差，村干部又赶紧向镇里反映。不久，青龙自然资源规划局接到了求助信息，工作人员胡军和孟祥东联系市鸟类收容救助站后，迅速赶往八道河镇。

村民李武把金雕送到了镇里
（图片由青龙满族自治县提供）

此刻，在家一直守着大鸟的李武也得到反馈。"他们说，这只鸟很可能是国家一级保护野生动物，现在很危险，早一点看上病才有救。"于是，老李立刻喊来侄子，让他开车拉着自己和大鸟也向镇里奔去。

10日晚上7点多，开了一个多小时车的胡军和孟祥东到达了八道河镇。进行交接时，大鸟突然紧张了起来，使

市鸟类收容救助站接收了金雕

劲抓着李武不放，大伙儿费了好大劲儿才把它送上运送车辆，再一看，老李的双手都流血了。

"没事，伤口咱自己能处理，你们快送它吧！"李武向担心他的人们说，看着护送车辆开走，这才略微松了一口气。

1个多小时后，胡军二人终于到达北戴河高速收费站口，把大鸟交给了早已等在这里的市鸟类收容救助站工作人员，再回到单位已将近深夜11点了。

经过将近150公里路的护送，在救助站，大鸟被确认为国家一级重点保护野生动物金雕。随后，值班医生立即对它进行血液、粪便检验和X光检查，确诊为食物中毒，并赶紧为它进行打针、补液、护肝等治疗。

"这只金雕应该中毒有几天了，已经严重脱水、非常瘦弱，状态很危险。"救助站主任李军说，"幸好被村民发现了，之后大家接力送医十分迅速，才让它及时接受了治疗。"

李军介绍，金雕的数量已经很稀少，它们有领地意识，通常几十公里到上百公里才有一对鸟儿生存，青龙曾经有检测到金雕繁殖的记录，说明这里的环境很适合它们。

"这几年，能明显感觉到咱们当地群众爱鸟护鸟的意识强了，就在早些时间，我们还指导另一位青龙村民救助了一只国家二级重点保护野生动物小燕隼，这是让人特别高兴的事。"李军说："我们还将继续对这只金雕进行治疗和观察、训练，直到它彻底恢复健康，回归到大自然去。"

36只被救助野生鸟集体放飞

——在港城，爱鸟、护鸟理念已深入人心

长城网冀云客户端记者 王震军

2022年12月7日下午，36只野生鸟类从秦皇岛市鸟类收容救助站展翅，翱翔天空。

重返蓝天的鸟儿共36只，包括金雕、草原雕、普通鵟、雕鸮等，都是称雄天空的猛禽。

这次放飞活动由秦皇岛市观爱鸟协会联合国网冀北智能配电网中心、嘉里建设秦皇岛分公司等单位的志愿者共同举行。放飞的都是今年市民与志愿者在秦皇岛市境内救助的受伤野生珍稀鸟类，经过救护机构集中救治已经康复。

秦皇岛是候鸟迁徙大通道上的重要"驿站"，可以观测到500多种鸟类，占全国已发现鸟类的35%，其中列入国家一、二级重点保护野生鸟类名录的就有110多种。

鸟是大自然的"检验师"，对生态环境极为敏感。越来越多的鸟儿来秦皇岛栖息觅食，说明秦皇岛的生态环境越来越好，鸟类保护越来越有力。

2021年5月，由林业部门、市观爱鸟协会、志愿者联合建立的秦皇岛鸟类收容救助站正式挂牌成立。今年，已救助丹顶鹤、东方白鹳、金雕、草原雕、雕鸮等国家一、二级重点保护野生鸟类近200只，八成是由市民发现救助的，康复后的野生鸟类已陆续放归自然。

2022年12月7日，已经恢复健康的金雕在众人的祝福声中重返自然。

河北秦皇岛：落水丹顶鹤获救　暖心民警彻夜守候

秦皇岛晚报 李妍

"到了救助站好好吃饭，赶快恢复体力，争取早日找到你的队伍，祝你好运啊！"河北省秦皇岛市南戴河海防派出所民警孙洪磊向他救助的丹顶鹤告别，丹顶鹤似乎听懂了"救命恩人"的叮嘱，连声回应。

落入海水中的丹顶鹤

2022年3月8日下午，有市民报警说在仙螺岛东侧海域有落水飞不起来的丹顶鹤需要救助。南戴河海防派出所接警后，民警孙洪磊、宋译迅速到达现场，发现丹顶鹤在离岸较远的海域漂着，孙洪磊脱掉鞋试着下水靠近，丹顶鹤发现有人过来，马上警觉地往深海里游。

"当时特别担心，初春的海水温度还是很低的，夜晚会达到零度以下，丹顶鹤一直在海水中，我们恐怕它会出意外，还是得赶紧把它救上来。"丹顶鹤警觉性非常高，只要民警试图靠近，丹顶鹤就向远离岸边的方向游走。救援工作一度僵持。随着时间的推移，天渐渐黑了下来，但民警并未离开，而是继续悄悄靠近丹顶鹤，直到晚上9点半左右，丹顶鹤游不动了，被大浪冲向岸边。民警一直等待这个时机，当丹顶鹤距岸边20米左右时，孙洪磊果断下水，突然抱住丹顶鹤的翅膀搂着它的脖子，把它捞了上来。

来到温暖的民警办公室，烤上电暖气，经过值班民警一夜的精心守护，丹顶鹤比前一晚精神多了。第二天，民警将它带出办公室，放在鸡舍里，虽然还没有完全恢复体力，但已无生命危险。

"这只丹顶鹤非常幸运，遇到了好心市民和有责任心的民警，及时获救。据我们分析它是在迁徙过程中生病掉队了，体力不支落入大海。下一步我们将带它回救助站，给它补充营养，全面救助，待它身体恢复，尽快放飞。"秦皇岛市鸟类收容救助站站长李军说。

民警将救助到海防派出所的丹顶鹤交给救助站救助员带回救治

目前，获救丹顶鹤已在秦皇岛市鸟类收容救助站进行样本采集和各项检查。林业部门特别提醒广大市民，野外受伤、行为异常、病死的野生动物，可能是某些病源的感染者或携带者，如救助不当，这些病源很可能传染给人类和家禽家畜，给公共卫生安全造成极大威胁。如发现有类似的野生动物，要做到不接触、不捡拾，更不能加工食用，要及时联系野生动物保护部门救助处理。

据介绍，当天在秦皇岛市海域出现的丹顶鹤共有两只，"目测是一大一小，我们救到了那只大的，不知道小的那只是否安全，如果有市民发现，请及时报警或者联系市鸟类收容救助站。"李军说。

"全民观鸟节"等你来参加

秦皇岛晚报 刘旭伟 摄影 王文国

　　"十一"假期去哪儿玩？带上望远镜、照相机，带上娃，来参加"全民观鸟节"秦皇岛站的活动吧。

　　上班对着电脑，下班对着手机，似乎已成为生活的常态。你有多久没有闻过花香，多久没有抬头见过天空的颜色……鸟类是自然界中最常见的野生动物之一，它们形态各异，颜值在线，活泼好动，水鸟掠过湖面，林鸟跳跃枝头，猛禽盘旋长空……只要你细心观察，就能发现这大自然的美妙一幕。

　　观鸟是一项老少皆宜的户外活动，在不影响鸟类正常生活的前提下参与观鸟活动，可以进一步亲近自然，放松身心。带上孩子一起观鸟，让小朋友们从小接近自然，不仅能认识各种鸟类，还能欣赏不同鸟类的美。如果再进阶一步，记录观鸟行动，还可为鸟类学基础研究收集必要数据，为鸟类保护学贡献一份自己的力量。

　　秦皇岛市观爱鸟协会秘书长刘学忠介绍"全民观鸟节"是由 SEE 基金会、腾讯基金会联合发起的一项公民科学活动，号召大家在每年 10 月的第一个星期参与观鸟行动，在不影响鸟类正常生活的前提下，观察认识与记录身边的鸟类，提升保护鸟类、保护自然的意识，所有人都可参与。

　　进入 9 月后，在我市沿海湿地、林带的鸥类、鸻鹬类、林鸟等逐渐增多，雁鸭类、鹰、隼等猛禽候鸟也已经在湿地现身，直到 11 月鹤类在秦皇岛迁徙过境后，候鸟南迁才结束。这个时候正是我市最佳观鸟季，同时我市也是今年"全民观鸟节" 15 个线下活动城市之一，大家不要错过。

　　参与方式：登录"观鸟君"小程序，添加观鸟记录即可。

　　准备好观鸟装备：望远镜、鸟类图鉴、记录工具等。

　　注意事项：安全是第一要务，观鸟过程中不要惊扰鸟类。

港城迎来最佳观鸟季

"全民观鸟节"等你来参加

2022 年 10 月 1 日，市民与协会志愿者冒雨观鸟。

观鸟正当时

秦皇岛日报 苏宝平

正值候鸟北归的时节，我市沿海湿地、河流湖泊、森林灌木和城市公园等地活跃着各种鸟，它们是生态的晴雨表，是大自然的精灵，此起彼伏的鸟鸣宛如天籁，吸引着爱鸟人的脚步。

2023年4月16日，记者跟随我市观爱鸟协会组织的"赏春•观鸟•亲子游"活动走进秦皇植物园。这是今年4月以来的第三次活动，除几位生态志愿者之外，以中小学生和家长居多。显然，这次观鸟之旅让他们对身边的这座公园有了更多更新的发现。

来自西港路小学一年级的刘明心同学已经参加过两次半这样的活动了。明心妈妈说，4月2日带孩子在秦皇植物园游玩时，偶遇观鸟小组活动，平日里，她就喜欢带孩子看鸟、看植物，母子俩一下子就喜欢上了这种亲近自然的活动，马上就融入进来。在生态志愿者的引导下，明心对观鸟产生了浓厚的兴趣，"以前只认识麻雀、喜鹊，现在能认得十多种鸟了。比如灰喜鹊、戴胜、红嘴蓝鹊、大斑啄木鸟、小䴙䴘、白头鹎、乌鸫、红嘴鸥……""我们一般早上七点到七点半到公园去跑步，然后观鸟，孩子很享受头顶鸟鸣的感觉，说早上就是鸟儿在开派对。然后还会以不同的角度甚至躺到地上去观察鸟，我觉得特别有意思。"

来自迎宾路小学一年级的管朗朗第一次参加观鸟活动，很认真地在手册上记录下看到的每一种鸟。朗朗妈妈认为："观鸟可以锻炼孩子们的专注力，因为观鸟过程需要安静和耐心，还可以让孩子意识到爱鸟保护鸟的重要性。"

沿着林间小路，一路闻着鸟语花香，轻轻走，慢慢看，静静听，每发现一种鸟，志愿者老师都会引导孩子们科学观鸟，不要惊扰到它们，并将观察到的鸟的形态、习性等特点告诉给孩子们。汤河水面上有一只红嘴鸥飞过，老师说："这时的红嘴鸥与冬天时不同，是因为它进入繁殖期后，头顶的羽毛会有变羽现象，白色的毛脱落，长出黑色的羽毛。喙的颜色也会变暗，所以这时红嘴鸥的喙会呈现暗红色。"

这时，河面上游过来一小群，有眼尖的孩子叫道"小䴙䴘"，灰棕色的一团，椭圆的身形，个头较野鸭子娇小，羽毛看上去很松软，翅膀短圆，嘴细而直，很可爱的模样。小鹛鹛可是潜水的高手，一个猛子扎进水中，便潜出七八米远。无疑，小鹛鹛的出现，为这片水域增添了许多灵性。

专业的观鸟人会根据鸟的叫声判断出这是哪一种鸟。有的鸟长得丑，叫声却非常动听。比如乌鸫，黑不溜秋的样子，与乌鸦长得有点像，细看却有很大不同。乌鸫有金黄色的嘴巴和眼圈，鸣音婉转，而且不怕人，很是讨人喜欢。正在燕山大学读研究生的田沁怡惊喜地说："以前都注意不到，也不会刻意根据叫声去找，原来我们在城市里和这么多小鸟生活在一起。"田沁怡的家在成都，因为几年前来过秦皇岛，鸽子窝和老龙头等景区给她留下了美好的印象，考研时调剂学校，她很高兴地选择了燕山大学。

事实上，我市处在东北亚－澳大利西亚候鸟迁徙的重要通道上，每年春秋季都是最佳的观鸟时间。每块湿地、湖泊、水塘，一片草地、一棵树、一条小河，都有鸟儿的踪迹。据统计，在秦皇岛可观察到的鸟类多达500种，占全国已发现鸟类种群的34%。依据2021年新版《国家重点保护野生动物名录》，确认秦皇岛域内列入国家一、二级重点保护野生动物名录的鸟类有122种，其中国家一级重点保护野生动物31种。

近年来，得天独厚的观鸟资源吸引了一批批国内外观鸟爱好者前来，为我市旅游业注入了新的活力。受英国观鸟爱好者马丁·威廉姆斯影响，从1996年起，北戴河鸟类保护志愿者安跃民就开始观鸟拍鸟，至今在秦皇岛域内，他观察到的鸟类达200种。对于他，最大的乐趣也在于发现。2023年1月30日，安跃民在北戴河新区观察到100多只长尾鸭（1月份最多时达到了300多只的大群，这在国内极其罕见），这是很罕见的。"从第一次在望远镜中观察到鸟的羽毛、色彩、神韵，充满了灵性与自然之美，我就想，一定要尊重自然，保护自然，让以后的孩子们也能看到这些美丽的精灵。"

目前，与国外观鸟业相比，我国观鸟业虽然起步较晚，还属于比较小众的休闲活动，我国的民间观鸟活动起源于20世纪90年代，最初由北京、上海、广州等城市的鸟类爱好者发起，如今已由最初的全国仅有不足10人观鸟发展到了数百万人参与观鸟、拍摄鸟类活动。用我国最早参与观鸟活动的橘树老师的话说，就是我国用30年的时间追赶了欧美200年的历程。但随着经济发展和生态环境逐步改善，观鸟作为一种新型健康个性的生态旅游休闲方式，势必会引起更多爱鸟人士的关注参与。据我市观爱鸟协会秘书长刘学忠介绍，不久前，我市观爱鸟协会发布了观鸟旅游精品线路，这其中包括湿地林地等不同形态的观鸟点达50余处。这意味着，市民无须远走，就可以参与到这项集生态、运动、文化教育、审美等功能于一体的活动中来。

多方联手接力救助
食物中毒的草原雕获救了

经救治，草原雕恢复良好。 （图片由受访者提供）

奋进新征程 建功新时代
加快建设国际一流旅游城市

本报讯（记者杜楠）这几天，看着已经恢复精神的草原雕，市鸟类收容救助站负责人李军非常开心。这只草原雕经多位爱心人士连夜救助、医治，恢复健康实属不易。

9月25日下午5点多，位于北戴河区的市鸟类收容救助站接到昌黎县茹荷镇派出所民警电话，称当地村民救助了一只奄奄一息的猛禽，请求帮助。

救助队员杨贺等人立即出发。赶往目的地的小路崎岖不平，天色也渐渐暗下来，为尽快了解猛禽病情，救助队员开足马力，急速行车。忽然，伴随着"嘣、嘣"两声，两个车胎突然爆胎，无法前行。队员只能请求民警帮忙，民警迅速将猛禽送过来，队员一看，竟然是一只国家一级保护鸟类草原雕，它的状态非常不好，已经没有意识。

原来，当天下午，茹荷镇棉花坨村村民李国良经过村边树林，发现了这只脑袋低垂、飞行四五米远就坠落的大鸟。李国良下车观察，大鸟又飞了几次，李国良在后跟随，因心思都放在大鸟身上，左脚踩进浅沟崴了脚。李国良忍着疼痛一瘸一拐地上前，发现大鸟状态很差，已经失去了攻击、挣扎能力。他检查大鸟外表，没发现任何外伤，随后将大鸟抱回车上，拨打了110报警电话。民警立即联系了市鸟类收容救助站。

此时，李国良发现自己的左脚全肿了，他忍痛开车到家，找来一个大笼子将大鸟安置妥当。考虑到救助人员可能对村内道路不熟悉，为了争取抢救时间，李国良忍着脚疼和妻子一起开车10公里将大鸟送到了派出所，之后才前往医院诊治脚伤。"这是我看见了，别人看见也是一样，都会尽最大努力保住它的生命。"李国良说。

很快拖车赶到，将爆胎车和草原雕运回了市鸟类收容救助站。早已等候多时的王威医生立即对它进行血液、粪便检验和X光检查，排除外伤和疾病，确诊为食物中毒。救助的同时，市野生鸟类疫病监测和防控生物安全重点实验室的技术人员给草原雕采集了咽拭子和肛拭子，留存了血液和羽毛样本，这为正在建立的秦皇岛地区野生鸟类生物样本数据库增添了重要的资源，也可用于生物遗传多样性研究和疫病溯源追踪的重要材料。

通过输液解毒、护肝、补水等治疗，草原雕吐出一只没有消化的刺猬，此时已经基本第二天凌晨两点，大家这才稍微放心。

此后几天，经过连日用药和护理，这只草原雕精神逐渐好转，食欲大增，对投喂的小鸡一口一口地吃。李军说："现在紧急给它补充营养，活的鹌鹑、鸡、兔子，这样它才能够让它恢复体力。观察一段时间，我估计有20多天差不多能恢复，到时候再将它放归自然。"

坚守

国庆长假期间，有这样10月1日凌晨4点，秦皇岛的工作人员像往常一样驾驶。他们将沿固定线路清收收厨余垃圾100多桶。为保毒天与异味相伴，奔赴在一线捏了脚，目前，救市共天清运厨余垃圾90多吨。厨毒等技术处理，最终实现变。

多方联手接力救助
食物中毒的草原雕获救了

秦皇岛晚报 杜楠

这几天，看着已经恢复精神的草原雕，市鸟类收容救助站负责人李军非常开心。这只草原雕经多位爱心人士连夜救助、医治，恢复健康实属不易。

2022年9月25日下午5点多，位于北戴河区的市鸟类收容救助站接到昌黎县茹荷镇派出所民警电话，称当地村民救助了一只奄奄一息的猛禽，请求帮助。

救助队员杨贺等人立即出发。赶往目的地的小路崎岖不平，天色也渐渐暗下来，为尽快了解猛禽病情，救助队员开足马力，急速行车。忽然，伴随着"嘣、嘣"两声，两个车胎突然爆胎，无法前行。队员只能请求民警帮忙，民警迅速将猛禽送过来，队员一看，竟然是一只国家一级重点保护野生鸟类草原雕，它的状态非常不好，已经没有意识。

原来，当天下午，茹荷镇棉花坨村村民李国良经过村边树林，发现了这只脑袋低垂、飞行四五米远就坠落的大鸟。李国良下车观察，大鸟又飞了几次，李国良在后跟随，因心思都放在大鸟身上，左脚踩进浅沟崴了脚。李国良忍着疼痛一瘸一拐地上前，发现大鸟状态很差，已经失去了攻击、挣扎能力。他检查大鸟外表，没发现任何外伤，随后将大鸟抱回车上，拨打了110报警电话。民警立即联系了市鸟类收容救助站。

此时，李国良发现自己的左脚全肿了，他忍痛开车到家，找来一个大笼子将大鸟安置妥当。考虑到救助人员可能对村内道路不熟悉，为了争取抢救时间，李国良忍着脚疼和妻子一起开车10公里将大鸟送到了派出所，之后才前往医院诊治脚伤。"这是我看见了，别人看见也是一样，都会尽最大努力保住它的生命。"李国良说。

很快拖车赶到，将爆胎车和草原雕运回了市鸟类收容救助站。

鸟类收容救助站。早已等候多时的王威医生立即对它进行血液、粪便检验和 X 光检查，排除外伤和疾病，确诊为食物中毒。救助的同时，市野生鸟类疫病监测和防控生物安全重点实验室的技术人员给草原雕采集了咽拭子和肛拭子，留存了血液和羽毛样本，为正在建立的秦皇岛地区野生鸟类生物样本数据库增添了新的资源，留样也可用于作为生物遗传多样性研究和疫病溯源追踪研究的重要材料。

通过输液解毒、护肝、补水等治疗，草原雕吐出一只没有消化的刺猬，此时已经是第二天凌晨 2 点，大家这才稍微放心。

此后几天，经过连日用药和护理，这只草原雕精神逐渐转好，食欲大增，对投喂的小鸡一口一个。李军说："现在紧急给它补充营养，活的鹌鹑、鸡、兔子、鸽子，能够让它快速恢复体力。观察一段时间，我估计有 20 多天差不多能恢复，到时候再将它放归自然。"

承德、秦皇岛两地联手　一级保护动物金雕被救

秦皇岛晚报　杜楠

工作人员将金雕送到我市。本报通讯员 李军 摄

2022 年 11 月 10 日，承德、秦皇岛两地联手，救治了一只国家一级重点保护野生动物金雕。

这只金雕是承德滦平县一名村民发现的。十多天前，这名村民在地里看到金雕，好像腿有问题，趴在地上一动不动。热心的村民把金雕抱回家，细心喂养。五六天后，金雕的腿好了，能站起来了，村民就把它带出去放飞。可是金雕不会飞，总是飞出几米就落地。这位村民没办法，拨打了滦平县林业和草原局的电话求助。

随后，滦平林业和草原局工作人员王树国立刻与我市鸟类收容救助站取得联系，请求帮助。因村民担心金雕伤害孩子，且金雕吃得多，喂养压力大，这名村民希望能尽快把金雕接走。

因心疼金雕，市鸟类收容救助站负责人李军和我市林业局工作人员、滦平县林业局及省林草厅多次联系后，最终商定，由滦平林业局送过来，双方在承德、秦皇岛交界处对接。就这样，经承、秦两地联手，金雕被顺利送到了我市鸟类收容救助站。

"金雕状态挺好，也没有外伤，就是不会飞。"李军说，目前医生正在为金雕检查，包括拍片子、验血、验便等，待检查结果出来后对症下药，争取让金雕早日康复，回归自然。

他们救了一只"鸟中国宝"

秦皇岛晚报 杜楠

市鸟类收容救助站工作人员为东方白鹳输液治疗。
本报通讯员 李军 摄

他 们 救 了 一 只 『 鸟 中 国 宝 』

2022年10月30日，抚宁区洋河岸边，一只生病的东方白鹳被热心市民发现。

抚宁区抚宁镇陈各庄村就在洋河岸边，因为自然条件好，经常能看到各种鸟类。这天上午，村民王国忠在自家农田附近的池塘边，发现了一只白鸟。"很大，全身白色羽毛，黑色尾翎，长长的嘴也是黑色。"王国忠说，鸟很漂亮，人走近了也一动不动，好像受了伤，于是他将大鸟抱回了家。

到家后将鸟儿安顿下来，王国忠立刻拨打了110报警电话。接到报警后，抚宁区自然资源和规划局、抚宁区公安分局森林警察大队的工作人员，立即赶到王国忠家中，并与市鸟类收容救助站对接。一番沟通后，工作人员将这只大鸟送到了位于北戴河区的市鸟类收容救助站。

"到咱们这，我一看，东方白鹳，是国家一级重点保护野生动物。"救助站负责人李军说，东方白鹳属于大型涉禽，被誉为"鸟中国宝"。医生迅速为它输液、补水，经救治，它渐渐有了精神。待这只东方白鹳彻底恢复后，将被放归自然。

李军说，近年来，市民爱鸟、护鸟意识不断提升，很多人，包括孩子，看到野生动物被困、受伤，都会及时救助。"还是再提个醒，遇到野生动物受伤，及时联系我们就行。"

奋进新征程 建功新时代
加快建设国际一流旅游城市

本报讯（记者杜楠）10月30日，抚宁区洋河岸边，一只生病的东方白鹳被热心市民发现。

抚宁区抚宁镇陈各庄村就在洋河岸边，因为自然条件好，经常能看到各种鸟类。这天上午，村民王国忠在自家农田附近的池塘边，发现了一只白鸟。"很大，全身白色羽毛，黑色尾翎，长长的嘴也是黑色。"王国忠说，鸟很漂亮，人走近了也一动不动，好像受了伤，于是他将大鸟抱回了家。

到家后将鸟儿安顿下来，王国忠立刻拨打了110报警电话。接到报警后，抚宁区自然资源和规划局、抚宁区公安分局森林警察大队的工作人员，立即赶到王国忠家中，并与市鸟类收容救助站对接。一番沟通后，工作人员将这只大鸟送到了位于北戴河区的市鸟类收容救助站。

"到咱们这，我一看，东方白鹳，是国家一级重点保护动物。"救助站负责人李军说，东方白鹳属于大型涉禽，被誉为"鸟中国宝"。医生迅速为它输液、补水，经救治，它渐渐有了精神。待这只东方白鹳彻底恢复后，将被放归自然。

李军说，近年来，市民爱鸟、护鸟意识不断提升，很多人，包括孩子，看到野生动物被困、受伤，都会及时救助。"还是再提个醒，遇到野生动物受伤，及时联系我们就行。"

播撒两万多公斤蛤蜊苗　为迁徙候鸟打造温饱栖息地

秦皇岛晚报 唐晓辉 周磊

2021 年 4 月 2 日，几位渔民驾着小船在山海关石河南岛浅海来来回回，将两万多公斤蛤蜊苗像播种般均匀撒入海中。秦皇岛市观爱鸟协会通过这种方式修复石河南岛海域底栖生物群，为迁徙候鸟打造温饱栖息地。

当日上午 9 点半左右，记者赶到石河南岛岸边时，渔民们正忙着把整齐码放在岸边编织袋里的蛤蜊苗往两艘船上搬运。"昨天半夜从唐山把这批蛤蜊苗运过来，我们就开始往海里投放，一宿没合眼。"在现场组织投放的一位渔民告诉记者，现在已经投放第三船了。

记者随船而行。渔船行驶到石河南岛边一处清澈平静的浅滩，一位穿着叉裤的渔民跳进齐腰深的海水中，推着小船来回移动，另几位渔民在船上将蛤蜊苗均匀地撒到海中。这里的海水十分清澈，可以清晰地看到水底绵软的细沙和很多蛤蜊壳。几位渔民对石河南岛感情很深，都是作为志愿者帮助市观爱鸟协会撒播蛤蜊苗。

与渔民们一样，对石河南岛同样有着深厚感情的还有市观爱鸟协会的志愿者们，他们一直默默守护着这一处鸟儿天堂。

据了解，石河南岛位于山海关区石河入海口，是黄渤海湿地范围内一处天然岛屿，每到迁徙季，都有大量候鸟在这里停留。市观爱鸟协会观测记录显示，秦皇岛地区共有 504 种鸟类，其中，石河南岛不到 1 平方公里的区域内有 300 多种鸟类的观测记录，典型的水鸟有长尾鸭、黄嘴白鹭、小勺鹬、鸬鹚等，甚至还有很多国家一级重点保护野生鸟类，如黑嘴鸥、黑鹳、黑脸琵鹭等，这在世界范围内也属罕见。

"鸟类迁徙停留途中需要充足的食物补给，如果找不到合适的地方来补给食物，它们就无法完成迁徙。"市观爱鸟协会秘书长刘学忠说，2017 年石河南岛实施生态修复工程对河道进行疏通，底栖生物严重缺失，对依赖海滩进行食物补给的迁徙鸟类造成很大威胁。从 2020 年秋季开始，市观爱鸟协会开始实施石河南岛底栖生物修复工程，投放了第一批 1 万公斤

的蛤蜊苗。今年春天，北京市企业家环保基金会与世界自然基金会以及深圳市一个地球自然基金联合捐资近 5 万元，用于由市观爱鸟协会购买两万多公斤蛤蜊苗进行第二批投放。今年秋季将进行第三批投放，预计总投入 15 万元。

　　"希望通过撒播底栖生物苗种的方式恢复这里的海底生物种群数量，为鸟类迁徙停留提供丰富的食物补给，让这里真正成为鸟儿的快乐天堂。"刘学忠说。

2021 年冬季，孔祥林、宋德明等巡护队员冒雪上岛调查巡护。

石河南岛上的爱鸟人——孔祥林

澎湃新闻 刘震

一身迷彩装，黝黑的皮肤，一米八出头的个子，常背着"长枪短炮"在荒郊沃野之间，时而驻足，时而远眺，行走间不断地和调查队员开着玩笑。

这个人叫孔祥林，是秦皇岛市观爱鸟协会副会长，参加观鸟、爱鸟的志愿活动已经有十余年。去年底，任鸟飞 2020 山海关石河南岛调查巡护活动开展第一次调查，这是孔祥林期盼已久的，他太熟悉这里的一草一木，遍布在石河南岛上的鸟在哪繁殖、什么时间来、什么时间走、在哪栖息，他都了如指掌。

这里是鸟类的天堂，也是孔祥林的"舞台"，石河南岛是许多鸟类的繁育基地，对石河南岛开展系统的鸟类调查和巡护正当其时，这次巡查，让孔祥林异常兴奋，因为能够系统地收集整理调查报告，对石河南岛鸟类保护将发挥重要的作用。

石河南岛是石河入海天然形成的岛屿湿地，是秦皇岛市唯一一座天然岛屿，位于山海关区，面积 80 余公顷，海岸线总长 3.54 公里。这里与外界隔绝，鸟儿不受人类干扰。每到迁徙季都有大量候鸟在石河南岛停留，典型的水鸟有长尾鸭、黄嘴白鹭、小勺鹬、反嘴鹬、鸬鹚等，还有诸多国家一级重点保护野生鸟种，如黑嘴鸥、黑鹳、黑脸琵鹭等。

孔祥林回忆起 5 年前的 3 月，15 只反嘴鹬在石河南岛繁殖，这在观测史上尚属首次。那年，4 窝 13 枚卵，有 9 只小鸟成活，随亲鸟迁徙；第二年 38 只；第三年 70 余只。当时，有项目在石河南岛施工，嘈杂声和人为干扰，会让鸟类繁育成活率降低。

"我一直担心它们不会再来。可 2019 年，180 多只反嘴鹬还是来到了南岛，它们在风中集结，开始求偶、建巢。几处不大的沙粒干滩上挤满了产卵的反嘴鹬、黑翅长脚鹬、环颈鸻，鸟儿在这里悠然自得。"

可 4 月底，一场暴雨突降石河南岛，孔祥林冒雨和船工田师傅上岛查看，已不见鸟儿踪影，水塘边有随处可见被水泡过的鸟蛋，反嘴鹬家族惨遭灭顶之灾。这让人心如刀绞，可在自然的法则面前，人又无能为力，孔祥林只能在心里默默祈祷，反嘴鹬们不要因此而放弃石河南岛。

今年，在任鸟飞 2020 山海关石河南岛调查巡护中，孔祥林在调查中发现 150 只反嘴鹬如期而至，这让孔祥林惊喜："它们还是选择了石河南岛作为它们的繁殖地。90 多枚卵，有一半出生迎接了人类的五一。看着小鸟在亲鸟的呵护之下健康成长，我们保护南岛的口号没白喊，人与自然的和谐相处，便是我们践行习近平总书记'绿水青山就是金山银山'理念在石河南岛上的最大慰藉。"

任鸟飞 2020 山海关石河南岛调查巡护活动严格按照要求进行，孔祥林多方联系专家学者对秦皇岛沿海湿地土壤进行采样、分析，进行数据的记录积累。为了进一步改善鸟类栖息地环境，在孔祥林的总体协调下，秦皇岛市观爱鸟协会分两次，对石河南岛部分区域试验性播种花蛤苗 5 万斤。去冬今春两次播撒花蛤苗，一是解决了鸟类冬季食物匮乏的突出矛盾，二是通过人为干预使石河南岛底栖生物得以恢复，促进其良性繁衍，从目前来看起到了很好的效果，这两个目的基本实现。

调查活动开始以来，孔祥林、胡晓燕、宋德明等调查队员对石河南岛进行调查与监测活动。每次调查巡护，调查队员都要徒步走遍全岛，对石河南岛的鸟种、数量、出现时间和地点，进行记录、分析。而这份与郊野和自然的情缘，书写的正是人们对"绿水青山就是金山银山"的坚守，是碧水蓝天守护者的初心。

初冬，护鸟志愿者拆除捕鸟网

秦皇岛市观爱鸟协会 微信公众号

2021 年 12 月 11 日下午，执行任鸟飞巡护的护鸟志愿者胡晓燕、宋德明夫妇与孔祥林刚刚上岛，就发现在岛上堆起的土山上有几个人正在架设捕鸟网。志愿者胡晓燕第一时间与协会项目组联系，孔祥林、宋德明两人则迅速向土山上冲去。架设捕鸟网的人发现志愿者上岛后，全部向岛的另外一侧跑去，当孔祥林、宋德明两人到达捕鸟现场时，只能见到下网的人已经上了停放在岛另一侧的小船上。

收到胡晓燕的电话通知后，项目组第一时间与市林业局联系，并安排志愿者拆除捕鸟网。傍晚时分，山海关区林业执法人员终于来到岛上，与护鸟志愿者一起清理捕鸟网。由于网太多且重，林业执法人员只好将网移到岛边海水附近，现场将上百片网与架网杆烧毁。

聆听自然的声音：秦皇岛的护鸟夫妻档——胡晓燕、宋德明

河北新闻网 白雪峰

秦皇岛市候鸟迁徙过境已接近尾声，不过，部分候鸟选择留了下来。为让这些远道而来的飞羽精灵吃饱住好，护鸟"使者"胡晓燕、宋德明夫妇不遗余力为候鸟护航。

家住秦皇岛市北戴河区的护鸟志愿者胡晓燕、宋德明夫妇就准备好观测设备、带好给鸟儿准备的食物，急匆匆地出门了。几十公里外，志愿者老潘已经在石河边等候。晨曦微明，3 人坐上橡皮艇，直奔石河南岛。

石河南岛是秦皇岛市唯一的一座天然岛屿，面积 80 余公顷，海岸线总长 3.54 公里，开阔的岛屿湿地为候鸟提供了重要栖息地，是候鸟迁徙的"加油站"。在不到 1 平方公里的区域内，近年来，观测到的各种鸟类达到 400 多种，典型的水鸟有长尾鸭、黄嘴白鹭、鸬鹚等，国家一级重点保护野生鸟种有黑嘴鸥、黑鹳、黑脸琵鹭等。

宋德明介绍，登岛主要是了解一下岛上的自然生态，观察一下有没有人为伤害鸟的行为，对鸟的数量、种类进行记录。

胡晓燕、宋德明夫妇是秦皇岛市观鸟爱好者，退休之后就一直拍鸟、护鸟，与鸟结下了不解之缘。2020 年起，他们加入鸟类保护和救助团体"任鸟飞"，对石河南岛上鸟类的品种、数量、出现时间和地点进行记录、分析、存档。

候鸟迁徙虽已进入尾声，但是一些候鸟选择留在岛上栖息，为让这些远道而来的飞羽精灵吃饱住好，夫妻俩加大了巡护频次。胡晓燕说："我们都是义务服务，五冬六夏，风餐露宿，苦啊、累啊，都谈不上，习以为常了，终究还是喜欢这个。"

每次登岛，都需要整整一天时间。两个人徒步巡护，走走停停，拍照、记录，一刻也不得闲。为了拍到珍稀鸟类的身影，在草地、树丛里匍匐几个钟头更是家常便饭。

走在岛上杂草丛生的小路上，耳畔传来阵阵鸟鸣。胡晓燕不用抬头，就能听出是什么鸟儿又来了。几年下来，她和宋德明早已熟悉这里的一草一木，遍布全岛的鸟类，在哪儿繁殖，什么时间来、什么时间走、在哪栖息，胡晓燕都了如指掌。

巡护一圈之后，胡晓燕和志愿者老潘来到河边投喂食物。老潘换上雨鞋，深一脚、浅一脚踩进水里，把玉米撒在浅滩上。远处的一群骨顶鸡，静静观望着，好像在等待合适的机会，过来饱餐一顿。

胡晓燕、宋德明夫妇，从最初的兴趣爱好，到如今担任"任鸟飞"调查员，二人守护鸟类栖息地的初心从未改变。

天空澄澈，成群的候鸟从头顶飞过、排云而上。也许，这就是属于夫妻二人独有的浪漫。

秦皇岛市沿海湿地生物多样性调查启动

河北新闻网 刘旭伟

2022年9月4日，由北京市企业家环保基金会提供资金支持的秦皇岛滨海大道两侧生物多样性调查项目在北戴河湿地木栈道全面展开。市观爱鸟协会项目组联合秦皇岛海关技术中心和市野生鸟类疫病监测和防护生物安全重点实验室的动物、植物专业专家志愿者，以及海港区文化里小学的师生共同参与了调查。

当天，调查队员在湿地发现了国外入侵物种意大利苍耳和豚草。植物学博士、秦皇岛海关技术中心植物检疫实验室主任柳吉芹介绍，意大利苍耳会与其他植物争夺生存空间，能使作物减产达到60%，牲畜误食会造成中毒；豚草同样具有极强的繁殖能力和环境适应能力，豚草花粉是引起人体一系列过敏性变态症状——枯草热的主要病原。这些国外进来的有害杂草，国内没有对应的天敌，不仅会破坏生态环境，有的还危害人体健康。

柳吉芹说，开展生物多样性调查对保护生态平衡具有非常重要的意义，此次沿海湿地生物多样性调查为期半年，将对滨海大道两侧湿地及附近林地开展植物、昆虫、鸟类、海洋生物等生物多样性调查。

市观爱鸟协会秘书长刘学忠介绍，北戴河湿地是候鸟的一个重要栖息地，湿地和周边树林里各种动植物比较多，通过这次生物多样性调查，也是为了掌握这片湿地、林带存在哪些本地物种与外来物种，在掌握基础数据的同时，调查组会将这些调查数据及时提供给秦皇岛市的相关单位，以便于第一时间清除这些外来有害物种。另外也提醒大家，以后在购买花草和宠物时，提前了解哪些是有害外来物种，知道哪些不能买、不能养，尽可能减少外来物种的入侵。

当天，文化里小学的师生也跟着专家学习了很多动植物知识。校长朱红说，孩子们不应该只在课堂上学知识，更应该到大自然中、生活中学习知识。这次调查活动让孩子们有了亲近自然、了解自然的机会，学校计划成立研学团队，让学生们分批次参加这样的活动。

鸿雁安家北戴河湿地　　摄影：范怀良

"不能越雷池一步"

要牢固树立生态红线的观念。在生态环境保护问题上，就是要不能越雷池一步，否则就应该受到惩罚。

要建立责任追究制度，对那些不顾生态环境盲目决策、造成严重后果的人，必须追究其责任，而且应该终身追究。

——2013 年 5 月 24 日，习近平在中共中央政治局第六次集体学习时的讲话

第四章　　"鸟人"鸟语，拥抱自然

逐梦

——一群"鸟人"的故事

范怀良

秦皇岛是全国唯一以皇帝名号冠名的城市。作为秦皇岛人，我们热爱秦皇岛。绿水青山，人与野生动物，人与自然和谐相处，是秦皇岛人追逐的梦想。

自我介绍一下。我叫范怀良，已逾古稀。做过教师，干过新闻，2018年从秦皇岛市领导岗位退休。

在介绍秦皇岛人如何追逐梦想之前，请先让我给大家讲几个小故事。

第一个故事：我1995年任市委常委、秘书长。任职初，每次去山海关，当地领导都要介绍山海关的名吃"烧铁雀"，品尝后感觉确实外焦里嫩，香脆可口。我记得那时凡是来山海关的客人都要品尝烧铁雀，走时还要带上点。年节"烧铁雀"也就自然地成了当地必送的礼品。1997年春天植树节，市党政领导和干部群众一起到山海关石河南岛植树。休息间，看到数以千计的鸟似波浪一样，起起伏伏，一会聚，一会散。瞬间，鸟群冲向草丛，然而飞起来的鸟却少了许多。我好奇地到草丛边观看，发现了一个硕大的丝网，网上挂满了鸟，足有一二百只。问摘鸟的人，网鸟干啥？他回答很干脆，吃啊！这时我才晓得这鸟是山海关人说的铁雀。我原以为铁雀就是麻雀，也没当回事，这次仔细观察网上的鸟，看上去比通常的麻雀要大些。接一个电话，统战部说有一拨台湾客人来需要我陪一下，我答应了。当晚，在餐桌上我才知道来的台湾同胞是鸟类爱好者，在追拍黑脸琵鹭的行程中，专门安

排到秦皇岛观鸟。我们一见如故，谈论的主题一直是鸟。这次接触，台湾同胞给我恶补了鸟类知识，使我对鸟与自然、生态有了初步了解。然而最令我难忘的是他们带来的《中国野外鸟类手册》这本书。从书中我知道中国竟有这样多的鸟，还让我知道了我们山海关的名吃"烧铁雀"学名叫灰椋鸟。回想白天看到的老乡网鸟的情景，我震惊了。天啊，灰椋鸟是国家有研究价值的鸟！仅仅山海关一个地方每年就要吃掉一万到几万只，一个个这么可爱的小精灵竟葬送在我们的嘴里，这不是残害生灵吗？心里五味杂陈，同情、内疚、悔恨

油然而生。一年残害这么多生灵，我们的市民特别是领导干部却麻木不仁，习以为常，还标榜为什么名吃，真不知道羞耻！

第二个故事：1998年春的一个星期天，我被分配到北戴河联峰山检查防火，在北戴河联峰山西门看见了一群外国人拿着望远镜在找什么。我问中国导游他们在找什么，导游说他们是瑞典的客人，组团到北戴河观鸟，领队叫伊佩森·布。布个子不高，戴眼镜，一头黄色的卷发。他略懂中文，很健谈，一说起鸟，磕磕巴巴的中文停不下来。他说，中国的鸟有许多是外国人发现并命名的。比如鸥类，我们只知道海鸥，实际上海鸥仅仅是鸥的一种。鸥有几十个品种，外国人命名完后在中国又发现了一种，取名遗鸥。听到这些，我感到震惊又有些受到刺激，怎么连鸟的名字都是外国人起的呢？中国人干吗去了？布说，从1993年第一次来北戴河，到我们认识已经连续来北戴河五次了，每次都一个来月。他边说边从书包里拿出来一本书，我一看笑了，这不就是台湾客人给我看的《中国野外鸟类手册》吗？他翻开书指着鸟的分布图示，我凑前看，鸟图上不少鸟种都标着北戴河的地点。我这才感悟到外国人为什么不远万里来北戴河观鸟，原来北戴河很重要，外国人称北戴河是观鸟胜地，观鸟的"麦加"。后来我和布交往多了，知道了布是瑞典的观鸟专家，到2017年共来北戴河25次。每次少的21天，一般一个月。从布嘴里知道，2009年瑞典和我国达成合作协议，瑞典拨款资助我国为鸟环志，协助我国培训环志人员。布当年作为环志专家来北戴河，他每天早5点起床布网，教学员辨识鸟、环志。每次来北戴河，布都办环志培训班。他是唯一的一个教授，讲科学环志，讲鸟与环境，讲保护生态，由

浅入深，理论联系实际，为我国培养了一批又一批的环志人员。布是一位真正的鸟专家，环到鸟一眼就能认出来是什么鸟，用手一摸就知道鸟龄，生存空间、生存状况如何。他25次来北戴河和中国其他鸟聚散的地方，对我国的鸟情了若指掌，特别是对北戴河更情有独钟。他说在中国秦皇岛祖山有勺鸡，祖山是外国人在中国最早发现勺鸡的地方。我们和布去祖山真的发现了勺鸡群落。他说祖山是云南柳莺和褐头鸫的繁殖地，我们半信半疑，去了后他选择了地方布网，几声鸟鸣，就来了云南柳莺和褐头鸫。我们这回真的佩服布了。多年接触，共同的爱好使我们成了朋友。布来北戴河观鸟不仅在中国收获了友情，成了中瑞两国人民的友好使者，还收获了爱情，2009年布在嫩江环志时娶了个中国媳妇。25年连续来中国不仅为中国培养了一批又一批爱鸟环志人员，还积累了辨识中国鸟的丰富经验，特别是柳莺的经验。他今年要完成一部有关中国鸟类辨识的书，并将中文版赠送给中国。

第三个故事：20世纪90年代末，毛主席和周总理的翻译、联合国原副秘书长冀朝铸喜欢北戴河，在这买了一套房子。我负责接待他老人家。周末，书记和我陪同他们夫妇去山海关参观。天下第一关、老龙头的雄伟，悬阳洞的奇特，令他们夫妇赞不绝口，兴奋之余还给我们透露了一个重要信息。冀老说，他在英国任过大使，结交了许多欧洲朋友。这些朋友说，历史上欧洲人对中国的了解是模糊的，真正了解中国还是缘于北戴河呢！瑞典人来北戴河，发现北戴河是个观鸟的好地方，那时欧洲时兴观鸟，来北戴河观鸟游的欧洲客人络绎不绝。游客观鸟之余还实地考察了山海关、古长城，回去广泛宣传才加深了欧洲人对中国的了解。改革开放以后，北戴河真正成了观鸟之都，外国人到北戴河观鸟成了一种时

尚，英国野翅膀观鸟队几乎年年来，英国人马丁迷上了北戴河，写了很多关于北戴河鸟类的文章，还被北戴河区授予名誉市民。在北戴河湿地、山海关石河南岛市民经常看到一个扛着望远镜的老人身影，大家都叫他老麦克，他年年来，也成了秦皇岛人的老朋友。

这三个小故事给我留下了深刻印象。第一个故事是说吃野味是一个传统，人们习以为常，好多人以吃野味为荣为乐，还有一个陋习就是禾花雀（学名黄胸鹀）入药大补，有多少禾花雀死于非命！已经进入文明时代了，这一所谓传统和陋习再也不能继续下去了。第二个故事是说观鸟爱鸟、保护野生动物是一种社会文明，在这方面我们落后了。为什么我们的鸟书要外国人著，中国鸟名外国人起？我的心受了刺激，我在问，我们中国人怎么就不能？第三个故事是说观鸟爱鸟、保护野生动物既是一种社会文明、社会进步又是友谊、交流的重要渠道。外国人通过观鸟认知了北戴河，了解了中国，我们身在北戴河，我们理应把这个文明平台发扬光大。

也是缘于这三个故事令我走上了观鸟爱鸟护鸟、保护野生动物、保护生态环境的"不归路"。

1997年，书记要求每位常委联系一些政府的工作，我自告奋勇主动联系绿化和生态环境工作。从1997年始，我利用节假日组织植树造林，一直种了十年树。在职期间，得过不少奖励，国家绿委颁发的全国绿化奖章证书，是我最珍惜

2022年10月，已经75岁高龄的范怀良先生与秦皇岛市观爱鸟协会的调查巡护队员、中央电视台、秦皇岛电视台等媒体的记者一起，再次登上山海关石河南岛湿地，参与鸟类调查巡护活动。

的。2005年我支持报社摄影部主任刘学忠在全省地级市中第一个成立了观爱鸟协会。协会由志愿者、企业家组成，筹资金，立章程，爱鸟护鸟，保护生态环境，队伍不断壮大，促进了整个城市的生态文明建设。

观爱鸟协会成立后，我们努力开展工作，但遇到的来自传统的、思想上的、习俗上的障碍让我们举步维艰。经过苦苦探索，我们悟出了一些重要道理，那就是要做成一件事必须从自己抓起，从领导抓起，从娃娃抓起，一定要锲而不舍，坚持、坚持、再坚持。

从自己抓起，就是会员自己带头更新观念，以身作则，身体力行。一个人两个人不行，要一群人，一只过硬的队伍。观爱鸟协会会员大多是秦皇岛人，他们热爱家乡，目睹并切身体会到了由于无序开发，秦皇岛境内湿地、森林、河海、滩涂惨遭破坏；高楼大厦拔地而起，天气无常，空气质量下降，鸟类生存空间受到严重威胁。观爱鸟协会刚一成立，缺资金，会长带头，理事会成员紧跟，大家慷慨解囊，筹集活动经费。观爱鸟协会创始人刘学忠等人还在北戴河区的支持下撰写出版了河北省地级市第一本鸟类图志——《北戴河鸟类图志》。观爱鸟协会用提倡生物多样性、人与自然和谐相处的生态理念凝聚会员，激发会员责任担当，忘我奉献。20年来，会员队伍不断壮大。广大会员为保护野生动物作出了重要贡献。由于长期学习生态知识，倡导生态文明，会员的精神风貌也得到升华，由当初的观鸟爱鸟升华为保护一切野生动物、保护生态环境、保护我们赖以生存的家园。观爱鸟协会的爱心善举博得了领导和全社会的认可，会员周围都凝聚了不少的志愿者，包括许多已经离退休的同志。他们有的结合本职工作，有的利用节假日和早晚的休息时间，有的甚

2006年6月1日，筹备中的秦皇岛市观爱鸟协会与秦皇岛市青少年宫、海港区外语实验学校小学部联合开展活动。范怀良先生与王玉臣、宋金锁、李勇毅等理事特意赶到现场，通过购买小学生义卖的图书、纪念品等方式，支持小朋友们的活动，支持观爱鸟协会活动。

至放下自家生意，早起晚归，风餐露宿，顶风冒雨雪，无私奉献，为保护秦皇岛的鸟类、野生动物、生态环境作出了杰出的可歌可泣的贡献。

观爱鸟协会的会长宋金锁是个企业家，为了资助协会运转先后赞助协会15万元，他说："企业已经上市，财务公开透明，我是用自己的钱支持协会活动和发展，协会做的事是利国利民的善事好事，需要多少，我都赞助！"协会秘书长刘学忠是秦皇岛日报社的中层干部，在完成本职工作的前提下牺牲大部分休息时间，担负协会的大量文字工作，上报下传文件，策划活动方案，拟定具体实施办法，为生态建设谋划提案和建议，身体力行组织协调协会活动。最令人信服的是他依靠自身的联络广泛、善结交的特长联络国际国内的生态、绿色组织筹集资金，开展系列爱鸟护鸟、保护生态环境的各种活动。协会组织的这些活动看得见，摸得着，生动活泼，接地气，喜闻乐见，效果明显。协会副会长高宏颖是个企业家，2009年看到我在报纸上发表的23只东方白鹳在南戴河湿地飞翔的照片后也想观鸟拍鸟，就这样成了协会的会员。他走上这条路以后，说个再恰当不过的话，那就是一往无前，永不回头！他对这一生态善事爱得那样深沉，那样忘我！令常人难以置信。他开始时利用工余时间找鸟，观察鸟，如饥似渴地学习鸟类知识，越来越感觉知识不够用，时间不够用。他索性把企业交给夫人打理，全身心地投入观鸟、爱鸟、保护生态环境的事业。天天夜以继日地沿海岸、滩涂、湿地、河流、高山林地调查鸟况，还抽空认真学习鸟的知识，识鸟辨鸟。几年工夫，一台长城越野车跑废了，就又买了一台丰田霸道，专门观鸟、拍鸟用。对于他对鸟的痴迷，家里人开始也有说辞，看到他做的是好事、善事，很快就理解了、

支持了。2008年我退休后，高宏颖我们跑遍了秦皇岛的山山水水，沟沟坎坎，还经常到外地、国外观鸟拍鸟，向专家、行家学习识鸟、辨鸟知识，开阔了视野，精神境界得到了进一步升华。一次我们到柬埔寨的洞里萨湖鸟类保护核心区观鸟。开始乘大客船，水越走越浅，换了小船。到了核心区，密密麻麻的红树林内只有一条小水路，这小船不行，又换了几乎是独木舟的船。继续前行，船碰上了树根，眼瞅着船就翻了，柬埔寨鸟导一个猛子扎下去，扶正了小船，吓了我一身冷汗。害怕之余，我们赞佩鸟导的舍身救人、机智勇敢的精神。到了核心区，看到高大的树上挂满了鸟窝，许多珍稀鸟类正在繁育，树上有简易观鸟台，通向观鸟台的是一个用树枝编的软梯，我腿不好，肯定上不去，宏颖也犯怵。同行的法国女观鸟人，已是上年纪的人了，不由分说一股脑地爬了上去。在她的感召下，宏颖也跟着爬了上去。从这个法国老年女人身上，我们学习到了敬业、执着的专业精神。鸟导带我们去一个国家级鸟类保护区，看到各种鸟儿在保护区无忧无虑地自由生活，保护区建设、管理得井井有条。在展厅的墙壁上挂满了图片。其中一幅图片引起了我们的注意。一个管理者说："这图片上的人就是我，我过去以残害鸟、残害野生动物为生、为荣，判了刑，坐了牢。出狱后改邪归正，重新做人，这不，成了保护鸟类、野生动物的模范，国家分配我做了保护区的管理人员。"这事，对我们的感触很深，我们在想人是能变化的，人的质变，主要是思想观念上的变化。高宏颖对观鸟、爱鸟、护鸟的执着精神得到了回报。他用几年工夫，跋山涉水，对秦皇岛鸟类资源进行调查研究，在市人大常委会的支持下撰写了《秦皇岛鸟类调查》一书，摸清了秦皇岛市鸟类与生境的家底。他呕心沥血，用一年多

的时间，撰写了《河北鸟类图鉴》，图文并茂，洋洋47万字，填补了河北鸟类鉴赏图书的空白，在一次鸟类研讨交流活动上，专家说，高宏颖比他们研究鸟的专业人士认得的鸟种还多。真是功夫不负有心人，高宏颖成了市内外出名的鸟类专家。目前，他的生态环保爱好已经拓展到了植物，决心把秦皇岛域内的植物底数摸清，图文并茂，再出一本植物图鉴。

我们协会副秘书长叫雷子，他的真实姓名叫雷大勇，在一家民营企业工作。他没有多少闲暇时间，节假日、早晚全都贡献给观鸟爱鸟事业了。每逢节假日、清晨，在石河南岛肯定能见到他的身影。我们说，一两次、一两个月做一件事可以，难的是几年如一日。雷子为了观察环颈鸻、长嘴剑鸻、鸊鷉、须浮鸥的繁殖过程和习性，整个孵化季节，他总是趴在泥泞的湿地上观察、拍摄，为鸟会积累了丰富的、特别珍贵的鸟类繁殖资料，为保护水鸟、保护湿地以及湿地建设和修复提供了科学的翔实的依据。鸟会元老、鸟专家乔振忠，从部队转业后，一直在秦皇岛鸟类环志站工作，头些年观鸟人少，凡是鸟类迁徙季节他总是一个人拿着望远镜在北戴河湿地、联峰山的瞭望塔上观察记录迁徙过路的鸟种、鸟的个

2020年5月19日，在石河南岛结束了拍摄活动后的雷大勇先生。

数。无论是雨雪天，还是酷暑严寒，从未间断过。乔老、鸟会核心成员孔祥林、燕山大学退休的老教授杜崇杰夫妇、鸟会支部书记王文国夫妇、鸟类调研组组长胡晓燕夫妇等鸟会骨干，是鸟会爱鸟、保护生态群英谱中的佼佼者。他们十几年如一日坚持鸟类调查，每天天不亮就到岗，风餐露宿，不辞辛苦，刮风天、雨雪天，没有怨言，不讲价钱，从未离岗脱岗。他们的鸟类调查记录，为秦皇岛被国家命名为"中国观鸟之都"、秦皇岛三块重要湿地申报世界自然遗产等提供了科学依据，为国家保护鸟类、保护湿地作出了杰出贡献。

鸟会成员在观鸟、爱鸟的进程中净化了心灵，陶冶了情操，提升了自身的生态观、道德观。他们带头讲生态道德、生态文明，不仅不打鸟、不吃鸟、不残害野生动物，还个个成了生态志愿者、环境保护志愿者。

他们是救助鸟类的志愿者。秦皇岛市以及周边到了迁徙季节鸟类特别多，每年都有鸟类由于各种原因不同程度地受伤，他们看到或得到了信息不论离得多远都要和专业救助人员去救助。一次，一只灰鹤在北戴河湿地受伤不能飞起来，

2010年3月5日，刚刚购买了长焦镜头的高宏颖先生，开始了他疯狂的观鸟、摄鸟行动。

高宏颖就和雷子不由分说，光脚下到冰冷的海水里深一脚、浅一脚地把鹤救了上来。青龙满族自治县来电话说一只雕鸮受伤了，刘学忠得到了消息立即驱车100多公里找到了这只雕鸮送到了救助站。鸟会刚刚成立时，下网捕鸟的很猖狂，听说山海关石河南岛和天马湖有人网鸟，鸟会得到信息后，总会一边通知鸟友去事发地监视，一边通知林业公安。十几年来没收了多少网，解救了多少鸟儿，虽然没人统计，但鸟友们心里都有数。2007年春，鸟会得到信息，说南戴河有人收购鸟，鸟友刘学忠就联系林业公安去事发地侦查，最后破案，解救鸟儿20余万只，并打掉了这个跨省的贩鸟团伙。高宏颖等鸟友听说山海关有一个从山海关到天津、广州的贩鸟商业链，就冒险跟踪调查，终于弄清了这条残害鸟的黑链的来龙去脉，报告公安抓获了主犯，解救鸟儿十几万只。

鸟会会员爱鸟护鸟的善举影响了周边一大批人，他们自愿加入了爱鸟护鸟队伍。2017年春，4只赤麻鸭在市区大汤河芦苇荡筑巢繁育，鸟会和林业部门在岸边立牌宣传尊重自然、敬畏自然以及人与鸟类、自然和谐共处的理念，得到了市民的广泛支持，当成年赤麻鸭带着十几只幼雏在河里自由

2004年12月7日，秦皇岛日报社摄影记者周雪峰、刘学忠在南戴河附近的洋河入海口附近救助中毒的赤麻鸭。

自在地游戏时，鸟友和市民天天轮流看护、喂食。赤麻鸭家族在市区大汤河、半岛公园成了一道亮丽景观，这一人鸟和谐相处的大爱之举在秦皇岛谱写了一曲响彻云霄的生态文明凯歌。

为了更有效地保护生态环境，鸟会和林业、环保等部门主动联系，经这些部门同意，鸟会会员成了林业防火、保护林地的志愿者，防治河海污染的志愿者。冬季，秦皇岛雨雪少，干燥多风，极易发生火灾，鸟友总是边观鸟边看守林地荒地。发现燎荒的、上坟烧纸的都主动劝阻，发现火情也都及时报警。有一年，北戴河湿地海滩礁石旁堆满了垃圾，好长时间没人过问。鸟友发现后就报告市领导，垃圾及时得到了清理。有几年，海港西浴场海水富营养化，海藻泛滥，主管部门多次组织打捞也无济于事。会长宋金锁带领鸟友调查研究，查找污染源，发现是附近的一个小区污水外溢所致，就以文字的形式报告有关部门，采取措施后，海水污染终于得到了解决。

从领导抓起。我们这一代人最清楚，"路线确定之后，干部就是决定因素"，更明了"榜样的力量是无穷的"，然而，起决定作用的还是决策者。我们认为，破坏生态，作为一般人只能是破坏一时一定的范围，而领导决策错误对于环境的破坏是长时间而且影响是广泛深远的。因此，我们鸟会宣传爱鸟、护鸟，保护生态环境，除了普及鸟类保护知识外，着眼点放在领导特别是决策者上，即影响决策者的决策。经过多年执着地观鸟、拍鸟和学习鸟类知识，我们出版了《北戴河鸟类图志》《夏都鸟影》《我们的朋友——鸟》等鸟类书籍和摄影画册。每年暑期，我们都利用游客参观秦皇岛鸟类博物馆的机会发放这些书籍和图册，游客们非常喜欢。为了

进一步扩大影响，我们通过市里领导到中央和省领导住处送鸟书和图册。当时，很多的政治局常委和委员都见到了我们送的鸟书和图册。全国人大常委会的一位原领导和夫人对我们的鸟书和图册爱不释手，一页一页地翻阅，说这样的书和鸟册还是第一次看到，是提倡生物多样性、崇尚自然、敬畏自然、保护环境的好作品。原为政治局委员的一位首长仔细翻阅了我们的鸟类图书，深情地说："过去，我们抓工农业，注重的多是生产，怎样增产增收，往往忽视环保，以后保护环境也应是我们工作的重点。"还讲了如何保护环境，保野生动物的必要性及设想。首长还在我们的鸟册上题词："保护野生动物，保护生态环境！"我们想，在秦皇岛什么影响最大呢？那就是开展护鸟、保护生态环境活动最好能把省市领导请来。2012年春，我们秦皇岛鸟会和鸟类网站"鸟网"联合筹办了一次全国鸟类摄影绘画作品展并在全国范围内征集鸟类摄影书画作品。经过周密准备，我们从上千幅鸟类摄影作品中精选出来近300幅精品和书画家的有关生态的精美字画布展鸟类博物馆，并决定在暑期旺季开幕。

2012年7月30日，鸟类书画展开幕，全国人大常委会许嘉璐副委员长和林业部部长赵树丛、野保协会会长赵学敏、联合国原副秘书长冀朝铸以及我市市委原书记后任省政协副主席的王建忠同志等领导参加了开幕式并剪彩。许嘉璐指出："地球上有了森林，猿人进化成了人类，如果地球上森林砍光了，人类也就灭绝了"，"这不是危言耸听，是警示人类要崇敬自然，敬畏自然，提倡人与自然、人与野生动物

和谐共处。保护自然、保护生态、保护我们赖以生存的地球是人类社会文明和生态道德的底线"。许嘉璐的讲话博得了众多观众的热烈掌声。剪彩后，他和其他领导同志饶有兴趣地参观展览，不时询问鸟图，是谁拍的，在哪儿拍的。参观完后，他们还主动和鸟网及我市领导一起座谈并兴致勃勃地给我们的影册题了词。联合国原副秘书长冀朝铸在座谈会上说："欧洲人了解中国始于北戴河观鸟，观鸟是国与国沟通的桥梁。欧洲喜欢北戴河，我也喜欢北戴河，因此我退休后选择在北戴河定居。"

此后，李长春、姜春云、周铁农等十几位领导参观了北戴河鸟类书画展。其中，李长春在我拍的一幅"鸟舞旭日"摄影作品前驻足有5分钟，问谁拍的，什么地方有这么多的灰鹤，表示有时间一定到这个地方看看。后来他两次到秦皇岛湿地专程去观鸟、拍摄鸟。

首长参观鸟类书画展和保护鸟类、保护野生动物、保护生态的题词以及座谈会上有关生态方面的一系列重要指示报道后，在社会上产生了巨大的反响。我市迅速掀起了爱护鸟类、保护生态环境的高潮。市领导干部生态观念也发生了潜移默化的改变。更可喜的是市党政领导开始带头保护鸟类，保护野生动物，保护环境。新领导上任，我们就利用一切可以利用的机会宣传秦皇岛保护环境的必要性。我们认为，一个人的优势在知识、人品和能力，但最主要的还是健康，没有好的身体再有知识和能力也会心有余而力不足。我们的城市也这样，有旅游优势、自然优势、港口优势、高新技术优势，但若环境一塌糊涂，喝不到放心水，呼吸不到洁净的空气，河海臭气熏天，优势再多谁还会到这投资兴业，旅游观光呢？因此生态环境好是城市诸多优势中第一优势、第一生产力！

我们这些新的理念以及爱鸟、保护环境的善举得到了新任市领导特别是书记、市长的充分肯定和大力支持。这时，新华社发表了习近平总书记有关生态建设的一系列重要指示，强调"绿水青山就是金山银山""人与自然和谐相处"。党的十九大进一步明确社会主义核心价值观的重要一点就是"和谐"，党和国家确定的新时期发展战略的重要内涵也明确提出要"绿色发展"。我们倡导的保护鸟类，保护生态环境和党和国家提倡的和谐和绿色发展不谋而合，表明我们做对了。此时的秦皇岛和全国各地一样，城区空地已经开发殆尽，近郊好的地块也都名花有主，但利益驱动和房地产热使开发商的目光移向湿地和林地。原来鸟类迁徙休息和补充食物的地方成了他们追逐的目标。沿海地区成块的湿地，国有稀疏林地不少变成了所谓的高档小区和文体、旅游设施，就是著名的山海关石河南岛、北戴河湿地也有中外客商梦想开发成高尔夫球场或高端别墅区。新的市委、市政府审时度势及时调整城市的发展思路，果断地确定生态立市，绿色发展，建沿海经济强市和国际城市的发展战略。绿色发展，生态优先已经成为党政主要领导的共识。那时，鸟会成员为保护石河南岛搞调研提建议做了大量工作。据鸟友调查，南岛是河海互相作用形成的，淡水咸水交汇，陆生、湿地植被茂密，坡地、沙丘、湿地、浅滩交织，贝类、鱼虾、昆虫等鸟类喜欢吃的食物众多。这里是鸟类不可多得的自然聚集、迁徙栖息地。据鸟友调查和科学统计，南岛共发现鸟类300余种，其中国家一、二级重点保护野生动物发现70余种。鸟友为了保护南岛，曾多次阻止开发设计人员登岛测量，有时候还会和测量专家、教授争吵。我记得有一次河北省内一所大学的教授及专业人士登岛，鸟友们把他们围了起来，指着教授的鼻子说，你们还是教授吗，为了区区小利破坏湿地林地，破坏生态，贻害子孙后代？在鸟友你一句我一句的指责下，他们灰溜溜地走了。但当地买南岛、开发南岛的呼声始终没有断，因为有利可图，有的客商甚至要开30亿元的高价，30亿元对资金缺乏的政府诱惑力可想而知。但是书记、市长看了我们的建议后，先后多次到岛上现场调研，征求各方意见后，果断决定停止南岛开发。事后，国家海洋局也投巨资开始修复南岛生态。

为了更好地宣传保护鸟类，保护生态环境，鸟会还每年组织放飞救助的野生鸟类，每次都请市党政主要领导参加，从2006年以来先后举办"观鸟中国·爱心伴鸟在旅途"救助、放飞14次，出席领导30余人次，在全市引起极大反响，激发了干部群众爱鸟护鸟、保护生态环境的热情。领导身体力行的影响力加上活动深得人心，鸟会自身也因此快速发展壮大，已经成为秦皇岛市保护生态环境的一支不可忽视的力量。鸟会和党政部门、环保爱心民间组织互动、借力、携手为全市生态环境建设作出了重要贡献。市里生态建设，生态修复工程决策前，有关部门都要请鸟会出席，听取意见、建议，审议把关。鸟会关于石河南岛、七里海的保护、修复建议是认真学习习近平总书记的生态理念，结合十几年湿地保护的切身感受提出的，得到了专家和市领导的充分肯定和采纳。这些意见综合是：

1. 绿水青山就是金山银山，绿色发展是新时期新发展理念和新的价值观，是保护自然资源、增值自然资源的不可缺

2017年8月24日，石河南岛上，一台台施工车辆正在施工，拟恢复岛上的生态系统。

失的重要一环，是经济社会发展的第一生产力、第一优势。

2. 坚持人与自然和谐共生的思想。环境保护、修复工程要坚持节约优先、保护优先、自然恢复优先，要像保护自己眼睛一样保护生态环境，像对待生命一样对待生态环境。

3. 保护湿地靠领导，特别是主要领导，靠领导者自觉、自律；保护湿地靠制度，行之有效的制度；保护湿地靠监督，靠监督体系、志愿者队伍和有效的生态舆论。

4. 禁绝以保护名义搞开发，禁绝以修复名义搞旅游项目；提倡修复，修旧如旧，修复中适当建设，建设是补短板，增强生态功能；提倡尊重自然，敬畏自然，按生物自己的习惯、

2023年4月7日，秦皇岛市政府副市长郭建平与海港区、北戴河区的小学生一起，放飞救助国家二级重点保护野生动物雕鸮。

习性、生存生活规律保护修复湿地；提倡设立湿地保护红线，建设湿地保护区、湿地生态公园；提倡湿地和生态、气候、当地大环境与生物多样性的科学研究。

此外，我们还有好多建议影响了领导的重要决策。比如，秦皇岛鸟类博物馆的恢复开放；山海关禁绝吃食灰椋鸟等。我们特别欣慰的是，几年来，市委书记、市长一共回复我们的生态环境建设微信40余条，批示、采纳、实施我们的生态建议20余项。由此，我们也深深地感受到了领导在生态环境建设中的重要作用。

生态文明是社会文明进步的重要组成部分。尊重自然，敬畏自然，人和自然和谐共处是人类文明的体现。树立人与自然和谐相处的道德观要从娃娃抓起，从学校和家庭教育抓起。秦皇岛市是鸟类迁徙的重要通道，每逢迁徙季节都有各种鸟儿受伤或惨遭不测，鸟友和群众就会将受伤的鸟儿送到秦皇岛野生动物救助中心或秦皇岛鸟类收容救助站。鸟儿经过治疗和救助后，鸟会和救助中心都会组织放飞活动。为了扩大影响我们除了邀请领导参加外主要是组织孩子们参加。针对山海关捕鸟、吃鸟的陋习，我们先后多次在山海关组织放飞。活动时准备好鸟类知识宣传牌，请专家现场讲解，效果非常明显。此外，我们还多次和林业部门合作，在山海关组织鸟类摄影作品展和鸟类科普进学校活动。活动中燕山大学杜崇杰老师、鸟会骨干高宏颖等都会认真地给孩子们对照每一个图片讲解鸟类知识和故事，非常受孩子们的欢迎。高宏颖还被山海关区聘为生态顾问，经常深入学校、街道宣传保护鸟类，保护生态环境，教育孩子们崇尚自然，敬畏自然，与自然、野生动物和谐共处。活动中我们着力宣传提倡生物多样性，宣传地球上不能只有人类，并把人与动物和谐相处

提升到人类文明和道德层面，使孩子们从心里认识到残害鸟类、残害野生动物是不文明和道德缺失的行为。有些鸟曾经的栖息地已经开发为房地产，我们没有能力改变现实，但我们也不能放弃宣传生态的机会。黄金海岸阿那亚片区开业典礼，我们和组织者共同举办了鸟图片展和讲座。在讲座中让鸟的知识、故事活了起来，让爱鸟护鸟、人和自然和谐共处的理念在人们心中生根、发芽、绽放。在学校、街道生态大课堂，我们还通过剖析残害鸟类的典型案例以及世界各国的爱鸟护鸟的经典故事由浅到深地讲解生物多样性和和谐生态的文明必要性、重要性，更容易让孩子接受，容易入耳入脑入心。我们在讲解习近平总书记"绿水青山就是金山银山""生命共同体"等一系列绿色发展理念时，启发孩子们树立正确的价值观，树立正确的生态文明道德观，使孩子们明白为什么不可以残害鸟和野生动物；明白地球是个大家庭，不能只有人类，要与自然、动植物和谐共处。

鸟会尝到了从孩子们抓起的甜头，继续扩大战果，先是借力和市关心下一代工作委员会在海港区文化里小学试点建立生态科普展示室，图文并茂地宣传鸟类知识、生态知识，得到了学校、教育部门特别是市委、市政府的重视和支持，试点学校很快扩展到5个。2018年鸟会又借创建森林城市之机，与林业部门合作把生态科普进学校扩大到28个学校，受到了市委、市政府和社会的广泛好评。

鸟友追逐梦想一直在路上。一路走来，鸟友保护鸟类，爱护鸟类，心灵得到了净化，生态道德得到了提升。人们经常可以看到他们手拿望远镜、背着摄影包在各县区自觉自愿、无怨无悔地调查鸟情，防范污染、防范火灾，保护生态环境。近几年，有的鸟友还不满足只局限于保护鸟类，视野开始拓

宽，研究对象开始涉及动物和植物，像痴迷鸟类那样迷上了动植物。

目前，生态立市、生态优先、绿色发展在秦皇岛已深入人心；保护鸟类、保护野生动物、保护生态环境在秦皇岛已蔚然成风。一个人与自然、人与野生动物和谐相处的文明城市已经展示在世人面前。我们苦苦追逐的天蓝、地绿、水清的梦想离现实越来越近了。

2019 年 10 月 19 日，市关心下一代工作委员会、林业局、教育局、观爱鸟协会为 28 所森林生态科普学校授牌。

从鸟网识鸟辨鸟想到的

范怀良

　　鸟网凝聚了众多鸟友，众多鸟友又从拍鸟爱好者升华为当今中国不可忽视的自觉的环境卫士。不仅如此，更令人欣喜的是，鸟网造就了一大批编外鸟类专家。霹雳萧、157、关注宝儿等就是他们中的佼佼者。他们虽是"编外""业余"，但识鸟、辨鸟的水准却不亚于专业人士。由此，我感慨万千，思考良久。

新中国成立初期，百废待兴。一些转战南北的革命军人，拂去战火中的硝烟，投身到火热的社会主义建设中来，开始"外行"领导"内行"。他们不懂就学，虚心向书本、向"内行"求教，很快由"外行"变为"内行"。不甘"外行"，是他们"外"转"内"的动力。还是那个年代，一些刚刚从苦海中挣扎出来的穷苦工人、农民，拼命地补习文化，学业务、技术，有不少人成为从事本职业务的专家、技术骨干。理想的追求、主人翁的使命和责任是他们由文盲、半文盲转身为专家的动力。

"文革"时，有部电影叫《决裂》，内容是说从事实践的人最聪明，讥讽的是讲"马尾巴的功能"的教授。在极"左"的思潮影响下，上演这类的电影是可以理解的。这个教授实际上也是实践者。是许许多多的这样的教授对马的各个部位的深入研究，才使我们感知马、更深层次地认识马，从中总结出规律，上升到理论，才有了关于马的教科书。推而广之，其他学科也是如此。因此，这些研究、讲授"马尾巴的功能"的专家功不可没。

2011年，我出版了一本关于鸟的摄影画册，想找一个从事林业的知名教授写个序。他看过我的作品后，说，没想到你们认、拍鸟的种类比专业人士还多。这位教授，也许是出于谦虚，也许是研究的门类专一，但此话亦是心里话。翻阅中国出版的野生鸟类图书，大多是外国人或中国人与外国人合著。我国关注鸟、爱鸟也仅仅是近几十年的事。

因此，众多的鸟类网，众多的观鸟、爱鸟协会和志愿者，众多的鸟类摄影人等民间的环保力量异军突起，成为一股爱鸟护鸟、保护环境的不可忽视的力量。应该说，作为主管机构、研究家，在保护环境、推动社会文明进步方面是必要的，不可或缺的。然而，他们的力量和触角能延伸的领域毕竟是有限的。如果能和这支异军结合起来，可就不仅仅是二者力量的相加，而是几倍甚至几十倍。回到主题，作为那些职能部门的业务主管和领导，包括所有的公务人员亦应从此种现象中得到启发和感悟。新形势，新问题，新现象正是我们需要研究的新课题。所以说，要实现中国梦浮躁不得，功利不得，一定要立足本职，脚踏实地。

我们坚信，强化对环境的监管，加上民间崛起的保护环境的新生力量，解决中国环境问题的钥匙，一定能找到。明天的中国环境会更好。

鸟儿眼神写真和臆想

范怀良

2010 年 3 月，春暖乍寒，我们这些鸟友在观鸟、拍鸟之余饶有兴趣地整理集纳了一些鸟儿的眼睛，突然想起一句俗语，"眼睛是心灵的窗口"。人类如此，鸟儿亦然。我用鼠标放在每一只眼睛上，惊愕地发现，每一只眼睛都不一样，每一只眼都深藏着某种信息。有的眼，大大的，凸凸的，传递着蔑视和愤怒。是啊，人类利己地无止境地开发，破坏了自然，破坏了生态，鸟的繁殖、栖息地逐渐缩小，生存空间越来越小；人类的物质、霸道，肆意对鸟类的捕捉、猎杀，甚至把鸟儿当成盘中餐，致使许多鸟种灭绝，有的侥幸苟存，但也濒危。有的眼，苦涩、倦怠、茫然、无助，噙着泪花，向人类诉说某种委曲，控诉人类的暴虐，诉说和控诉中夹杂着百般无奈和疑惑：我们共同来自远古，地球之大为什么没有我们的容身之地呢？有的眼，黯淡中闪着亮光，愤怒中不失美丽，传递着渴望和希冀。好像提示人们地球生物是多样的，人与自然中其他生命是平等的，人类的霸道、贪婪，可以灭绝其他生命，然而当其他生命灭绝之时人类的存在也失去了意义。鸟儿期盼与人类和谐共处，呼唤人类的理性和良知，渴望人类多一分宽厚，多一分关爱，多一点生态意识和生态道德。和谐的生态多物种的共存、共生，必将给人类带来更多的愉悦和美好。

鸟儿鸣奏——第五交响曲

范怀良

据资料记载，鸟类自然消失的平均速度为每世纪1种，但近1 500年以来，人们已经察觉128种鸟类灭绝，其中103种是1800年以后消失的。人类的活动行为使鸟儿消失的速度比自然消失的速度快25倍。据2000年统计，世界自然保护联盟所定的标准（IUCN）列出1 186种受到灭绝威胁的鸟类，占地球飞禽总数的12%，其中有3种刚刚灭绝。

我爱好摄影，早在读高中时，就不时在暗房里玩洗扩相。爱上观鸟、拍鸟还是20年前的事。说起喜欢、关注鸟还有一段凄美的故事呢。2000年春，友人从山海关送来一大塑料袋食品，打开一看全是焦红发亮的小精灵。友人告诉我说这是当地名吃"烧铁雀"。我放在嘴里一尝，外焦里嫩，奇香无比。友人说只要你喜欢，我年年给你送来。当年秋，我去

山海关附近的石河入海口一带参加植树活动。干完活，这里的深秋美景令我忘返。远山，层林尽染，古长城随坡就势，跃上山巅。河两岸的树木像整齐的迎宾仪仗队，潺潺的河水在卵石间流淌。正当我陶醉在这如诗如画的幻境中不能自拔时，远处黑压压一片龙卷风似的起伏变化莫测的云左右移动着。顷刻，这片黑压压的云向河的一侧的林缘部位压去。像风一样聚，像风一样散，瞬间又从我们眼帘悠然远逝。我们定神一看，林缘处两大块张开的丝网落满了鸟，看上去足有上百只。村民告诉我们这就是山海关用于"烧铁雀"的鸟，学名叫灰掠鸟。他们也不明白这里鸟儿怎么这么多。年年有人网捕，年年又拼着命从这里飞过。我们也纳闷是大自然造化了这鸟的不离不弃的迁徙通道，还是千百年进化形成了鸟

的记忆基因。然而，当我知晓友人送来的奇香烧制精灵竟是这些可爱的灰椋鸟时，留给我的懊悔和思考历久弥新。我恨自己不能因其味美而品尝这美丽的天使，更不能容忍这残害生灵破坏生态的不道德行为。此时，一种愤懑和责任在我心中油然而生，也是由于此，我的爱鸟、拍鸟的爱好一发而不可收。

我拍鸟不仅仅有益身体，愉悦心情，自得其乐，重要的是洗涤烦扰心间的尘埃，感受心灵的随之律动和良知的升华。我庆幸生长在这受帝王、名人青睐的福荫之地——秦皇岛。

这里依山傍海，草木丰沛，是鸟儿迁徙栖息的天堂。

啼血的杜鹃惊醒了春天，冬雪融成了晶莹，映山红托起了沧桑的长城。我们经常扛着沉重的照相设备，迎着旭日，伴着晚霞，在山野里寻找迁徙来的美丽天使。每逢这个时段天鹅、大雁等都列队有节奏地吆喝着从天空中掠过，在天马湖、石河、七里海等处休整逗留；戈氏岩鹀、草鹀、栗鹀、领岩鹨等近地鸟在荆灌草丛中，叽喳欢跳；赤麻鸭、绿头鸭和各种潜鸭在湖河中欢声游弋，时而漂浮，时而潜水，在喧嚣和浮躁中唱出了新年的企盼；大小太平鸟爱凑热闹，专择有人的公园、小景区逗留，十几只到几十只一群，一会儿飞临你依偎的大树旁，啄食坚果，展示公主、王子般的头饰，一会儿又旋飞亮起红黄相间的霓裳。顷刻，又站在浮动的冰面上，得意地吸吮清甜的湖水。在桃、杏、榆叶梅繁花似锦的枝头，有多少叫不上名字的小鸟炫耀着靓丽的繁殖羽，争相鸣唱，激昂欢快、舒缓低沉，像对歌，像诉说，传递着爱的信息。

烈日炎炎的夏季，鸟儿生儿育女的工作已接近尾声。我们沿着龙海大道、滨海大道、西部快速路西行，沿途湿地、林地相间，百花争放，溢彩流丹。一早起来，领唱的是白头鹎，红嘴蓝雀用学着各种鸟的鸣声，唤醒梦中的人们。在海滩、湿地、丛林都有鸟儿在弹奏争鸣，黄鹂、画眉等鸟儿的高音清脆悦耳。鸭儿的鸣叫低沉回荡。绣眼儿、燕雀吹起没有节奏的弦外音，曲调不一，高低不同，但这些鸟儿鸣唱的主旋律都是爱的进行曲。都把爱和母爱唱得淋漓尽致。白鹭、池鹭、夜鹭和黑嘴鸥等早起晚归辛苦觅食，用半消化的流食和伴着亲昵的语调哺育幼子。各类野鸭、冠鱼狗、翠鸟衔着捕捉的活鱼、贝类，喂送伸长脖子不停张着小嘴的幼鸟。以编织精美巢穴为名的中华攀雀，不知疲倦地穿梭洞口，喂食贪吃的儿女。爱使鸟儿俊美，爱使鸟儿温柔，爱使鸟儿繁续。

北戴河湿地是个大范畴，不仅包括北戴河，还包括南戴河、黄金海岸。这里既是鸟儿迁徙的通道，又是鸟儿休息、补充体力和聚会的舞台。不知何时，春天飞走的鸟儿又回到了不久前离开的舞台。鸟儿四重唱的完美和声告诉人们秋天来了。鸟类专家、众多的爱鸟志愿者和往年一样守在联峰山

的瞭望塔上、鸽子窝旁，耐心地观察鸟儿的回迁。枝头、草丛、湿地，一不留神鸟儿多了起来。栗耳鹎、红胁绣眼、暗绿绣眼，一会儿就把熟透的柿子吃掉了大半，它们用有节奏的音调引来一群同伴。拥有自己的势力范围的喜鹊显然被激怒了，家族成员一起用刺耳的高音狂吼着，赶走了这些不速之客。杜鹃、各类苇莺、金翅吹着悦耳的哨声，传递着圈内的信息，哪里的坚果最香，哪块林地的虫儿最多，它们就出现在哪里。此时，人们又可以欣赏那熟悉的曲调了。原来豆雁、鸿雁、灰雁、大小白鹅雁、大小天鹅、赤麻鸭列队高奏凯歌，从亘古不变的经纬度缓缓飞来。在南戴河、天马湖湿地两种群各几十只东方白鹳踏着街舞得意、悠闲。这些较大的禽类要在这广阔的沿海湿地，逗留半个月，休整体力，补充给养。

山峦披上了五彩，夏秋逗留在这里的夜鹭、池鹭、白鹭不见了踪影。凛冽的东北风吹得落叶纷飞，预示着寒冷的冬季到临。红嘴鸥吹着哨子，成千上万，黑压压忽而飞翔，忽而落地，好像在开会，商量着什么时候继续南迁。白头鹎、栗耳鹎、斑鸫、虎皮地鸫、大山雀、黄腹山雀，往年南迁的鸟，不知为什么却留下来。当人们迷惑不解时，这些鸟儿用清脆的歌喉，告诉人们气候变暖了，生态好，食物丰沛留住

了南迁的客人。一群群的黑喉长尾山雀、棕头雅雀、白眉和黄眉姬鹟、丝光掠鸟离开得也很晚。它们是弱者，但又很聪慧，它们成群觅食的地方离一个茂密的柏树或松树很近，一遇敌情，迅急退往树上。也有些鸟儿干脆不走了，红脚隼、黄脚隼、苍鹰总是站在地势高处或居高临下的枯枝上，是为了登高望远，搜寻猎物，传递敌情。晚秋，宽阔的天马湖、七里海被成群的不速之客分割成七彩的块块，显然有些拥挤。这些涉水的鸟儿编织的色块不停移动着，时而似万花筒般变幻莫测，时而似千帆并进，百舸争流，好不壮观。这些天鹅、灰鹤、黑鹳、东方白鹳包括各种野生鸭类，总是离人一枪射程之隔，是源自遗传记忆基因，还是宣示人们枪杀其先辈们的仇恨，也许二者兼而有之。

一场初雪，长城内外，大河上下，唯余莽莽。鸟儿还在聚会。成群的大小杓鹬、环颈鸻、金眶鸻等50多种鹬鸻类站立滩涂、湿地间不停顿地啄食浅水中的蟹贝。清晨、傍晚在阳光映衬下，它们像镶嵌在滩涂或湿地上的五线谱。这期间来此聚会的成千上万的迁徙鸟儿，有的悠闲步入舞台，有的蜂拥而上，有的气宇轩昂。它们在做什么，准备鸣奏新的乐章——贝多芬的第五交响曲《命运》。

痴情"鸟人"　随鸟走天涯

刘学忠

　　在春秋两季，我们经常可以在海边和海滨林场看到一些人，他们背着大炮一样的镜头，脖子上挂着望远镜，时而驻足侧耳倾听，时而踮脚抬头远望，时而架起"大炮"向着前方的树林和海滩拍摄不停。他们是观鸟人，热爱山水，随鸟走天涯，与鸟共享山水之美。观鸟、拍鸟和爱鸟是他们最大的乐趣，同时他们也致力于救护鸟类、保护环境和宣传环保，这是他们赋予自己的使命。

英国观鸟人麦克在观赏拍摄鸟类

英国野翅膀观鸟团的领队马克在 2005 年 5 月 24 日早晨，来到秦皇岛海滨林场内一片较隐蔽的草坪处寻找鸟的踪迹。他从小就在家长的引导下观鸟，近四十年的观鸟活动使他积累了丰富的经验和技巧。他只带了两个望远镜、一架照相机和一本《鸟类野外手册》作为观鸟装备，每周都会外出观鸟，有时甚至会到国外去。他发现了很多在他家乡从未见过的鸟类。北戴河是他近 20 年来每年必来的地方，这里给他带来了无数惊喜和乐趣。

英国鸟友麦克也是一位连续 13 年到北戴河观鸟的资深鸟友。他认为，观鸟可以与大自然亲近，身心也能得到享受。同时，他也关注生态环境的变化，并呼吁保护鸟类和人类的生存环境。他希望"北戴河观鸟胜地"能永远保留下来，让更多的人能够欣赏到这里的美景。

秦皇岛市观爱鸟协会副会长高宏颖说，观鸟是一种很好的健身运动，可以在享受大自然美景的同时锻炼身体。他加入了观鸟、爱鸟、摄鸟人的行列，并在一年多的观鸟活动中结识了很多热爱自然的朋友。

对于一些更加痴迷的观鸟人来说，他们会为了观察到鸟儿的身影而在野外过夜。来自深圳的麦茬就是一个足迹遍布全国的观鸟人，她已经观赏到了 1 000 多种国内鸟。在北戴河的一周时间里，她就观赏到了 135 种鸟。

观鸟不同于其他的户外活动，需要轻声慢

2011 年 5 月，来自深圳的麦茬在北戴河沿海湿地观赏拍摄鸟类。

2010 年 3 月，高宏颖买来了相机，加入了观鸟、爱鸟、摄鸟人的行列。

步走，并在艰辛的等待和视觉捕捉中找到快乐。资深鸟友"海鹰"是我市最早的观鸟人之一，他从小就经常去海边看鸟飞翔。2003 年，他在海边认识了来自英国的观鸟人，并自己购买了望远镜和照相机。目前，"海鹰"见过的鸟已超过 700 多种。

观鸟活动起源于 200 年前的英国，最初是贵族们的户外活动。随着时间的推移，观鸟活动逐渐在欧洲大陆以及美国、日本等国兴起。自 1987 年我国出现第一批国内观鸟人后，观鸟在国内也逐渐成了一种时尚的生活方式。通过观鸟，人们结识了许多好朋友，一听说某地有鸟就会赶来拍摄。这些人都是一群伴鸟飞翔的"鸟人"。

观鸟不仅丰富了人们的精神世界，还能反映出人类和生态环境的变化。通过观鸟记录，科学家们可以获得第一手研究素材，反映出鸟类生存环境的变化。

2015 年 5 月，来自世界各地的观鸟人在山海关石河南岛的林带内拍摄鸟类。

寻觅鹮嘴鹬　梦圆青龙河

刘学忠

鹮嘴鹬是一种亚洲特有的鸟类，虽然它的体长只有约40厘米，但灰、黑、白三色的羽毛使其在众多鸟类中独具特色。红色的腿和长且下弯的嘴使其容易被辨认。然而，这种鸟主要生活在人迹稀少的深山峡谷和山区溪流中，其毛色与周围环境极为相似，因此许多观鸟爱好者难以觅其踪迹。

自2003年开始观鸟以来，我曾多次在关于北戴河湿地鸟类的记录中见到过它的名字，但始终未能目睹其风采。为此，我查阅了大量与北戴河相关的鸟类资料，并请教了多位鸟类环志专家和国内外观鸟人，但得到的答案始终是相同的：我们在北戴河也没有见过鹮嘴鹬。

在多次寻找未果后，我曾在一段时间内对找到鹮嘴鹬失去了信心。然而，2010年秋季的一天，一位刚加入观鸟行列的朋友在秦皇岛的摄影论坛中发出了在本地拍摄到的鹮嘴鹬照片。我立即登录论坛，确认这只鸟正是我寻找了8年的鹮嘴鹬。随后，我与摄影论坛里的影友们交流，经过一番周折，终于找到了拍摄照片的旅行者。原来，旅行者是一位爱好自然的户外活动摄影者，鹮嘴鹬是他在户外活动时偶然发现的。在向他询问了发现地点后，我与朋友们约定周末一起出发，再次去寻找鹮嘴鹬。尽管在青龙河沿岸寻找了多次，但我们始终未能找到鹮嘴鹬。

2011年7月16日，一位近50岁的鸟友大哥激动地给我打来电话，告诉我们他在青龙河找到了3只鹮嘴鹬，为1只幼鸟和2只成鸟。我们立即驾车奔赴青龙河，终于见到了这种梦寐以求的鸟类。尽管为此付出了近5 000公里的艰辛寻找，但我最终实现了梦想。

北戴河湿地的霸主——苍鹭的传奇生活

陈雷

　　北戴河湿地的苍鹭是常见鸟种，这种民间称之为"长脖老等"的鹭鸟体形硕大、形态夸张，是北方所有湿地的霸王。之所以称之为霸王，盖因我在北戴河湿地就没看到过它的天敌。北戴河湿地的猛禽种类也很多，但大都是隼、鹞、鹗类小型鹰科，最大的鵟类遇到苍鹭也是敬而远之的。

　　苍鹭看似稳重，有时它站在水边能几个小时一动不动，但你绝对不能被它呆憨的表象所蒙蔽。它长剑般的利嘴，伸缩夸张的喉咙，还有吞进石头都能融化的巨酸胃液，更有它

张狂起来展开一米以上的翅膀，它貌似是无所不能的。苍鹭是蛮横毫不讲理的鸟儿，它无所不吃。流传于网上的很多视频都证明了它真是里外通吃、个性鲜明的"浑蛋"！

　　它飞到其他鹭鸟的巢穴吞吃幼鸟；它站在岸边先吞下鸭妈妈带领的鸭仔，在鸭妈妈与它理论之时它又豪横地将母鸭生吞！它能吃掉长蛇；它能淹死黄鼠狼再囫囵吞食下去。至于鱼类，不管大小在它跟前就只能是小儿科，不提也罢了，苍鹭的可怕让你绝对意想不到。

在弱肉强食的丛林社会要是没有天敌的制约你就可以想象出来会是一个怎样的世道。我从拍鸟以来就很留意拍苍鹭这样的鸟种，但在北戴河湿地想要把它拍好很难很难！一是它远离岸边，大都在离水边很远的湿地中心区域；二是因为习性的缘故，它老是一动不动的，拍出来都是呆板的照片，时间长点人们失去耐心就不愿意等待了。

这篇文章收集的图片是好几年的综合集锦，为了写这篇文章专从电脑硬盘里找出来整理了很长时间。听老师们说拍苍鹭在河北平山、辽宁丹东这两个地方非常好，我至今无缘前往，但内心是非常向往的。

北戴河湿地每年夏季都会迎来大批的鹭鸟，它们陆续从各地迁徙而来，在这里度过它们一年当中最惬意的时光。大海为它们提供了天然的鱼虾和静怡的滩涂，喜好自然的人们专为它们圈起了一大片人类禁足的湿地。这里是人与自然和谐相处的典范，这里是鸟类的天堂。它们携带孵化出来刚刚会飞的幼鸟在这里尽快成长，为秋末的迁徙养精蓄锐，为即将到来的严寒储备，为不知何地的远方踟蹰。

鸟是人类亲密的朋友！保护自然就是保护我们自己，这个世界本就不是人类的私有。因此，人类没有任何的权利放纵自己的欲望为所欲为。那些妄想改造自然、人定胜天的所谓高大上的理想主义者在自然面前微不足道，一场一场的失败注定是其无解的结局。

北戴河湿地连续 11 年记录灰白鹭

陈雷

  在 2023 年 6 月 20 日下午 2 点左右，我收到了秦皇岛资深鸟类专家乔老师的微信通知，告知灰白鹭已经回到了北戴河湿地。这是有记录以来，中国唯一存在的一种变异灰白鹭连续第 11 年出现在北戴河湿地。

  相较于以往，我需要起早贪黑，至少去 10 次、20 次才能完成对灰白鹭的记录。但今年的情况有所不同，我非常轻松地就拍到了它，灰白鹭没有像往年那样故意和我捉迷藏。这 11 年的坚持和毅力让我有了记录它的信心和勇气。

  对于这只灰白鹭，我在过去的 11 年中至少每年会写两篇文章和拍两张照片。这只北戴河湿地的明星鸟在网上流传的文字和照片以及其他老师的记述中都有出现。可以说，灰白鹭是中国鸟类记录的一个奇迹。而这个奇迹来自中国的北戴河湿地，我为能够参与其中感到非常自豪。

  作为一名自然保护的志愿者和热衷于鸟类保护的忠诚人士，我为这只栖息在北戴河湿地 11 年的唯一一只灰白鹭作出了不懈的努力。我对此感到无比的自豪和满足。

  然而，鸟类保护的任务依然艰巨，自然湿地的保护更是异常困难。在这个距离城市最近的北戴河湿地的保护上，我们付出了巨大的努力。值得欣慰的是，近年来人们对自然的崇敬之心越来越强烈，经济发展到了需要缓转冷静思考期，过去盲目、蛮横不知畏惧的开发略有收敛，这为自然保护带来了希望。

  人类不是地球的唯一居民，我们没有权力剥夺其他生物的生存空间。地球是万物共同的家园，我们每个人都有维护这个星球自然生态完整的义务和责任。

  今年灰白鹭回归北戴河湿地比过去 11 年有记录以来早了一周左右。虽然去年第一次记录是在 4 月 5 日，但其他年份都是在 6 月 25 日前后。鸟类的生物钟异常稳定，每年迁徙季不差分毫。近年来，科技的发展使得我们能够通过卫星定位仪更加准确地记录鸟类的行为。去年，有动议要给灰白鹭也绑定这样的卫星定位仪器。我在有发言权的地方持反对意见，不知道最终结果如何。是否伤害了灰白鹭呢？我们不得而知。

2022 年 10 月 31 日，灰白鹭迁徙离开北戴河湿地晚了半月余。那天因为疫情封控我没有记录到。在我相机里最晚的记录是 2022 年 10 月 22 日。

然而，8 个月后，我们又共同等到了灰白鹭的回归。我们也终于驱赶走了心霾。虽然依旧会有种种不遂己心的心魔缠绕，但心底依旧残存挣脱束缚的勇气。也许一声惊雷之后随之骤雨的浇灌会将积攒已久向往自由的萌芽惊醒，如春笋一般顺势而发、蒸蒸日上。

灰白鹭的回归昭示着北戴河湿地最美丽季节的到来。过了夏至，周边孵化的幼鸟也将挣开翅膀学会了飞翔，尤其抚宁天马湖、山海关石河两个最主要白鹭繁殖地幼鸟的成熟，它们会紧随灰白鹭的脚步来到北戴河湿地栖息。已经完备的碧海红滩映衬着蓝天白云诚挚地邀请贵客光临！

春季甩籽的鱼卵已经长成了两寸长的幼鱼为鸟类提供了充足的食物。北戴河湿地生物链完整闭环，我们的拍鸟季开始了。

2022 年，北戴河湿地观鸟平台进行了整修和扩展。原有的平台被扩大了一部分，大桥下修建了一条通向西部的通道，那里还增加了一个小平台。早在前年秋季，我们就已经开始考虑对北戴河湿地观鸟平台的改造，主要是因为平台年久失修，而且近几年风暴潮的冲击已经摧毁了栈道和护栏有五六次之多。为此，有关部门和专业机构已经形成了非常一致的共识，并制定出了一份非常合理的整改方案。

例如，我们计划对停车场、厕所、低角度摄影口和北部增设一个平台等地方进行改造。同时，我们还计划对北部栈道的高度进行提升，增加至少 30 厘米，以抵御中型风暴潮的袭击。遗憾的是，在这次改造中，除了扩大部分平台面积（注：这一施工方案实际侵占了湿地），桥下通道和西部小型观鸟平台值得肯定，北部栈道的高度提升不够肯定抵御不了中型以上风暴潮的侵袭，北部栈道再一次被摧毁是必然结果。除此之外，其他建设成就不多。

如今改造已经完成，多说无益，用实践去验证得失吧。

令我欣慰的是，我第 11 个年头又在北戴河湿地记录到了灰白鹭。

临近北戴河湿地的幸运

陈雷

自从我对摄影产生浓厚兴趣以来，北戴河湿地的拍摄就成了我的乐趣之一。主要原因是我居住在中国北方，距离鸟类迁徙的重要地点非常近，从家里开车到这里只需不到15分钟。北戴河的名声享誉全球，是中国著名的避暑胜地，也有渤海生态保护区最好的湿地，更是欧亚大陆候鸟迁徙的必经之路和鸟类栖息的天堂。

我关注的北戴河湿地南起鸽子窝鹰角亭以北，鸽子窝大桥（又称赤土山大桥）以东的一大片滩涂。西边的一条不大的不知名的河流在上游拦起了一段橡胶坝，形成了一座小水库，也算湿地的一部分。小水库上游被圈起来，普通人难以涉足。北戴河湿地的冰封期很长，冬天经常会遇到大潮，将巨大的海冰翻卷上来覆盖到大部分滩涂。去年冬天尤为严重，破坏了湿地护栏，导致春季需要全部更换，并往里推进了一

米多。不知这换算下来，湿地又减少了多少面积？

这片湿地内的小河北部有一片与辽宁盘锦湿地一样的碱蓬草，是湿地封闭后有关部门特意栽种的。春季开始全面泛红，有人讲北戴河也有红海滩，虽然面积较小。2019年的冬天，湿地南侧有人进入施工，引发秦皇岛市观爱鸟协会的质疑。后来说是要种植碱蓬草，但没过多久那片滩涂又恢复了平静，种植的东西没有生长出来。尽管人类科技已经取得了辉煌的成就，但试图改造自然成功的人并不多。在我看来，人定胜天的说法只是一个笑话。

每年3月末4月初，北戴河湿地都会迎来大批迁徙的红嘴鸥，数量最多时可达几十万只。前年和今年的红嘴鸥尤为旺盛，许多外地的鸟友和游客都会不辞劳苦地赶来观赏这一壮观景象。这个季节的渤海鱼虾非常丰富，几十万只红嘴鸥

在此停留一个月，每天需要消耗大量的鱼虾。然而，生态系统是相对脆弱的，海洋的变化一旦受到外力影响，就会影响依赖它生存的鱼虾和鸟类。因此，保护自然就是保护我们自己，这一点一点儿也不为过。

地球不仅仅是人类的，它是所有在这里栖息的生物的家园。人类没有权利在这里为所欲为。进入 7 月末，周边林带完成繁殖任务的白鹭会陆续飞临北戴河湿地，随着它们的到来，湿地也迎来了每年最为繁华的季节。这里是鹭鸟的乐园，这里是鱼儿的海洋，这里还是游客的胜地，这里更是人与自然和谐相处的天堂。

当你在湿地漫步时，你可以看到海鸥在你的手中啄食，当你往下看时，你会看到白鹭在嬉戏。你可以在凉爽的海风中携子带老畅游，面对蓝天碧海、草红苇绿、百鸟吟鸣，如果你还不发出"夫复何求"的感叹，那你真的是白来了。

9、10 月份，这里是西伯利亚鸟类向太平洋南部岛屿迁徙的暂栖地，这个季节会见到很多珍稀鸟种，如成群的白鹤、丹顶鹤从头顶掠过，嘹亮的鹤鸣伴随着人群的喧嚣，非常惊艳。东方白鹳和白琵鹭每到黄昏都会降落下来，在第二天的日出前后休息一个晚上再飞走赶路。如果早起幸运来到鸽子窝大桥看日出，你就会看到很多珍稀的鸟类伴随着朝日起飞。如果朝霞漫天，你又是一个摄影人，那你绝对可以拍出一张大片。

隆冬的湿地也有另一番景色，海水因为浅薄而被冻裂，浮冰因为海浪而被翻卷，风雪因为无处落脚而旋起，一切冬寒因为日出而略感暖意。太阳会因为逼近南回归线而从正对鹰角亭升起，为被冻住的湿地增添一点生气。

在学习摄影之初，我就有一个梦想，那就是将北戴河鸽子窝湿地的美景拍得淋漓尽致。当入门后，我才发现摄影学问的高深，因为要把一个地方拍出特色或说极致简直遥不可及。多年来，我在鸽子窝大桥拍摄北戴河湿地，总结出一点经验，但想要拍好真的很难。

拍鸟、观鸟给我带来的喜悦和力量

王文国

不知不觉间，又一年即将过去。回过头看，我已经坚持拍鸟观鸟十三载了。那年冬天，一群人在植物园举着相机对着一棵长有小红果的树上的鸟群拍摄。我好奇地凑上前去，询问他们拍摄什么。那位摄影师神秘地让我看了一下相机显示屏，哇，那是一只美丽的小鸟，仿佛戴着墨镜，有着高高的凤头。他告诉我那是大太平鸟。自那以后，我就开始拿起尘封多年的相机，加入拍鸟的行列，并且内心燃烧起拍出漂

太平鸟

亮、精彩小鸟的烈火般的欲望。每天早出晚归，不是在拍鸟，就是在去拍鸟的路上。只要鸟友打来电话说发现新鸟，我就会背起相机，驾驶汽车，以最快的速度赶到目的地。就这样，一个冬季过去了，我收获了十几种当地留鸟。接下来，拍鸟的乐趣不断膨胀。最早我和几个鸟友结伴驾车去了河南拍红腹锦鸡，又到山东拍水雉。春节期间去云南百花岭拍鸟，那里也是我收获最大的地方，我先后去了三次。那里有舒适的拍鸟环境和固定的鸟塘，中午还有人送饭，你只需要集中精

力拍鸟就可以了。我在百花岭参加"鸟网"摄影大赛并获得了一个奖项。颁奖仪式也在百花岭举行，因此我又在那里拍摄了几天的鸟。我在收获了荣誉的同时，相机里也增加了新的鸟种。

那几年，我和鸟友驾车拍鸟几乎走遍了全国，行程几十万公里，在福建收获了白颈长尾雉和白鹇等国家一级重点保护野生鸟类，在江西收获了中华秋沙鸭和白腿小隼，在陕西收获了朱鹮，在山西收获了国家一级重点保护野生鸟类褐马鸡，在川西收获白腹锦鸡，在辽宁盘锦收获了丹顶鹤，在内蒙古收获了草原雕、蓑羽鹤，在莫尔道嘎收获了乌林鸮等，在吉林收获了虎头雕和白尾海雕，在盈江收获了各种犀鸟，在新疆到福海湿地去拍白头硬尾鸭、玉带海雕、岩雷鸟等，先后三次去西藏拍到了黑颈鹤、藏雪鸡、藏马鸡、白马鸡等。特别是在西藏南部卡久寺，它与不丹接壤，海拔4 000米以上，稍微快走一点就气喘吁吁，气候变化无常，一会儿晴空万里，一会儿大雪纷飞，就在这样恶劣的环境下，终于收获了国家一级重点保护野生鸟类棕尾虹雉。拍鸟，不仅仅是我个人的一种爱好，也是放松身心、锻炼身体的方式，至于拍到什么鸟虽然高兴，但不重要，重要的是拍鸟的全过程，是令我回味享受，也是难忘的。

2015年，在秦皇岛市观（爱）鸟协会的年会上，我收到了协会赠送的《北戴河鸟类图志》。翻开这本书，我立即被书里的图片、文字所吸引，书中收录400多种鸟，都是在秦皇岛地区拍到的，占全国鸟种的三分之一。书中介绍了北戴

白腿小隼

河鸟类资源丰富，被国内外爱鸟者誉为"世界上最佳观鸟和鸟类研究基地之一"，有美国、英国、德国等十余个国家众多鸟类研究专家和鸟类爱好者纷纷前来北戴河，进行科学研究和观鸟活动。从那以后，通过参加协会组织的鸟类知识培训，参加全国鸟类专题讲座，我结识了多位德高望重的鸟类专家、老师，认识了有着资深观鸟经验的英国人马丁和瑞典鸟类专家布。我积极参加春季、秋季鸟类调查，从滦河口到石河南岛沿着海岸线数次往返，在鸟类迁徙的通道上，记录

到大量文字、图像、视频资料。

2016年，协会成立党支部，我被上级党委批准担任观（爱）鸟协会党支部书记，经过几年努力获得三星级基层党组织荣誉。2018—2019年代表协会参加全国大鸨调查活动，并在会上介绍秦皇岛观（爱）鸟协会的工作，也了解到大鸨的生存现状和保护的意义。2021年3月27日，我代表协会参加了由人民日报网主办的"地球一小时"直播活动，介绍了秦皇岛的鸟类和湿地，当时全球5万余人在线观看，收到预期效果。2020年，疫情防控给人们的生活、学习、工作带来极大不便，我应约通过线上为学生们介绍鸟类科普知识。同时，受秦皇岛市公安局森林公安分局和市检察院的邀请，分别为他们介绍秦皇岛的鸟类迁徙路线、保护现状以及国家一、二级重点保护野生鸟类的识别等内容，收到良好的效果。2023年5月，在山海关长城博物馆，成功地举办了个人"长城沿线鸟类摄影展"。希望能够引起更多的人对鸟类保护的重视，让更多的朋友一起加入保护鸟类的行列。我从一个拍鸟人到现在观鸟人和爱鸟人，由衷地感到，拍出漂亮的鸟只是为了满足个人心理需求，而观鸟、保护鸟才是拍鸟人的最高境界。

拍鸟的乐趣

王文国

自从我喜欢上拍鸟，就听说云南的高黎贡山百花岭鸟非常多，早就有去云南百花岭拍鸟的想法。去年年底，我终于如愿以偿。

百花岭位于我国西南边陲的高黎贡山中，那里原始森林连绵不绝，海拔在 800～3 000 米之间。每年从 12 月到来年的 3 月份是百花岭拍鸟的最佳时节，这是因为进入冬季后，北方的鸟儿向南飞，当地的高山被白雪覆盖，大量的鸟儿到低海拔的山上觅食，这也是每年鸟种最多的时候。云南四季如春，草木郁郁葱葱，百花盛开，有充足的食物供鸟食用，因此是鸟类最集中、最活跃和拍鸟最佳的地点。我这次百花岭拍鸟正是最好时机之一。这里鸟种之多令人激动，鸟儿的美丽让人养眼，拍鸟的环境使人陶醉。经过三个半小时的飞行，中午就到了腾冲驼峰机场。鸟导小杨已经在机场出口等候我们。虽然初次见面，我们几句寒暄之后就像久违的老朋友一样，说着、聊着已经进入了盘山公路。到百花岭拍鸟需要翻过高黎贡山近 180 公里的盘山路。小杨是个善于交谈的人，他边开车边给我们讲滇缅公路、中国远征军、美国飞虎队以及当地老百姓挖很多弹壳卖钱等传奇故事，时不时地还指一下当时的战场。车开到山顶的一个林场保护站停了下来。院子不大，房后有一棵十多米高的樱花树，粉红色的樱花正在盛开，在郁郁葱葱的高山上格外显眼。我们马上下车，架好相机。小杨说现在时间还早，我们可以在这里拍到品种不同的花蜜鸟、纹背捕蛛鸟、橙腹叶鹎等鸟。听他这么一说，我们都非常兴奋。我们不但没听说过这些鸟的名字，更没有

见过它们。我们顾不上选角度、背景，只管拿起相机"哒哒哒"地拍个不停。大约忙活了一个多小时，我们收了十几种鸟，在小杨的催促下，恋恋不舍地收起相机继续赶路。

到百花岭已是晚上 7 点多了，天已黑了下来，小杨开车带我们到半山腰的一个小院落"重楼驿站"住下。这家住宿条件还不错，标准双人间，60 元/天，有独立卫生间、电视、空调、电热水壶以及干净的被褥。院内大约有十几个标间和几个餐厅，就是现在的"农家乐"，我们能在深山老林里住上这样好条件已经很满足了，这里竟然还有 Wi-Fi。安顿好后我们点了几个当地土菜，边吃边喝跟"重楼驿站"店主聊了起来。店主姓李，40 多岁，原来当过村里的老师、村支书。他介绍说，百花岭有记载的鸟有 700 多种，有些是我国独有，甚至是世界独有的濒危鸟种，十分珍贵。随着商业化开发使得观鸟拍鸟成为百花岭众多村民的主要经济来源，村民们因此为了经济利益纷纷加入育鸟、护鸟行列。原本的一些捕鸟高手，现今都纷纷转变成了鸟导、"水塘主"，成了鸟类的保护者。所谓"水塘主"，就是村民根据鸟儿经常出没的地方，顺着山势建的一个长宽两三米小水池，将山上的小溪引流此地，四周放些糠木根、绿青苔、插些花枝，距水塘七八米外用伪装网搭建一个十几至二十几平方米的拍摄隐蔽间，里边可以安放十几个机位，按照编号拍鸟时可对号入座，一个机位 40 元可拍一天。中午给送饭，有 10 元、20 元快餐，自己根据需要预定，下午四五点钟有车接回驿站。交谈中我们了解到，现如今水塘点已经编号到 20 多号而且还在继续增加，

这也是满足来此地拍鸟人越来越多的需要并带来巨大经济效益的缘故。特别是春节期间能有几百人之众。在百花岭，机位紧张，有些水塘竟然排了几天才有机位。对于鸟友来说，多数人属于业余爱好不是专业的生态摄影师，只要求在有限的时间内拍到、拍好尽可能多的鸟种，这方面百花岭在全国首屈一指，估计在全球也可名列前茅。现今的百花岭拍鸟，相比往昔虽然少了一些野性、挑战与惊喜刺激，但却多了一份安逸与休闲。

早晨天还没亮，老板娘就来敲门，吃早饭了。我们赶忙起床，洗漱拉撒类似军事化，之后一大碗热气腾腾香喷喷的过桥米线一个卧鸡蛋端到了面前。吃过饭后上山拍鸟的车已经在门口等我们了，第一天送我们去六号水塘拍鸟。

去往拍鸟的盘山路上，上山送人的车辆不断，山路很窄但司机娴熟的驾车技术让我们体验到他们平日生存的艰辛。大约十多分钟，汽车停了下来，司机指着不远处的黑色隐蔽间说，那里就是拍鸟的水塘，中午有送饭，下午5点来接我们。

我们在茂密的森林中，背着相机扛着三脚架沿着约一肩宽山路向着隐蔽水塘走去。当我们接近隐蔽间时，隐约听到有人说话，看来有人比我们来得还早啊。进入约二十几平方米的隐蔽间，12个机位一字排列，木墩或是小凳子已为鸟友们备好，找到自己的位置，眼前一个直径约30厘米的洞口，向外望去，距我七八米的地方隐约看到小水塘和人为布置树桩，看来我的机位视线不错，马上架好相机，大家在鸟儿到来之前各就各位，等待激动人心的时刻到来。天逐渐亮了起来，鸟的叫声也渐渐清晰，水塘主人拿着面包虫和鸟儿平时爱吃的草籽等食物撒在水塘、树桩周围，还提出要求不能大声说话，他说有的鸟儿天天来比较熟，俗称"菜鸟"，但是大部分鸟儿种类不固定，野性十足，警惕性高，一旦感到周围环境异常就不会出现了。我根据现场光线调整好相机参数，静静地等待，看看左右挤得满满的拍鸟儿人，清一色"大炮"目不转睛地注视着前方。最先进入视野的是一对棕腹仙鹟，雌雄异色，雄性通体深蓝色，前胸淡黄色，翘着尾巴，机警的眼神，第一次见到太诱人了，只听周围"大炮"悦耳的快门声响个不停，生怕丢了某个细节。紧接着黑胸鸫、长尾地鸫、灰翅鸫、紫啸鸫等体型较大的珍稀鸟种纷纷亮相，它们的一个落姿、一个回头、一个展翅是那么精彩；一个昂头长鸣、一个俯视寻觅、一个与你对视又是那么亲和。紧接着褐胁雀鹛、红头穗鹛、白腹凤鹛还有至今叫不上名字体型娇小的鹛类小鸟儿，突然一下来有几十只，呼啦啦一声落在水塘旁、花枝上、树根上掀起一个个"鸟浪"，面对这突如其来的众多小鸟，我不知先去拍哪一个，但绝没有停下来。我的心怦怦直跳，它们在此不过三两分钟，有的只是十几秒，甚至更少，我的右手指不停地按动快门，右肩膀感到有些酸痛。

一阵"鸟浪"过后，水塘前终于只剩下几只"菜鸟"，人们深深喘了口气，放慢了拍摄速度，也开始互相小声寒暄。一位操着外地口音的拍鸟人竟来过多次，许多鸟他都能叫出名字，我从内心很佩服他，悄悄凑到他的跟前，请教我刚才拍过的鸟名，他很耐心一一告诉我，我掏出笔本迅速记下。这时，只听鸟友们的快门声一阵急促，说明又有新鸟来水塘，赶紧回到机位，寻找下一目标。水塘边一个乒乓球大小的红脑壳、黄胸脯、后背通体橄榄绿的小鸟在不停地跳跃，我急忙对焦，可刚拍上没几张，它便飞走了再也没回来，后来才知道叫"栗头地莺"，是世界稀有鸟种，仅存滇西南，十分珍贵。

中午送盒饭的来了，大家边吃边拍严阵以待，那场面真的像战场作战，时刻迎接新的"鸟浪"到来。鸟儿是否有午休的习惯还不清楚，但是中间却有一段时间空闲。透过洞口看那远山，白云在山间徘徊，青翠山林时隐时现，听着鸟儿鸣叫，呼吸着带有甘甜和绿色的气息。也许，这就是人们常说的"融入大自然的怀抱吧"。

天色暗淡，接我们回去的车已经在等待。回到住处后，我们饭后就开始充电、倒片。边倒边看，边看边乐，还通过微信发几张照片与朋友分享。一天的疲劳早已不见。接下来的几天，我们都是早出晚归，基本是不停地按动快门，非常开心。我们先后去了7个水塘，收获了近70种鸟儿，每天都有许多新收获。百花岭拍鸟真是一部让人爱不释手、百读不厌的好书。谁都不知道何时会遇到什么，出现什么惊喜，一切都是那么自然、那么原生态。拍鸟的过程完全融入奇妙的大自然中，感受到一种回归的轻松与快乐。百花岭——我们还会再来。

纹背捕蛛鸟

血雀

丽色奇鹛

绿翅金鸠

111

寄情山水觅精灵

王文国

那些天地之间的精灵，是美的化身。拍摄这些精灵，可以陶冶情操，滋养心性，同时也能了解到鸟类的知识，宣传爱鸟护鸟、保护坏境的理念。以鸟为伴，拍鸟为乐，生活显得无比充实。然而，拍鸟并不容易。鸟是天地之间无拘无束、自由翱翔的精灵。它们可能刚才还在枝头跳跃，但转眼间就飞向了云端，焦距还没有对准，它们就已经不见了踪影。此外，拍鸟也常常让人感到疲惫。起早贪黑、跋山涉水、风餐露宿是常有的事。为了等候精灵出现的一瞬间，往往要守候好几天。每年3、4月份和9、10月份是鸟类迁徙的时间，早出晚归、不着家是常态。

拍鸟，对我来说就像着了迷，在"鸟网"上结交了一大批全国各地的鸟友，通过"鸟网"交流拍鸟的作品。历经两年多，我从一个"新手上路"到"红钻会员"，拍摄了200多种水鸟、林鸟、猛禽图片，发表作品贴16 000多张，获精华图片600多个，多幅作品置顶，在圈内也算小有名气了。

两年间，我带着相机走南闯北，比"二线"之前忙多了，先后去了山西、陕西、河南、四川、大庆、辽宁、内蒙古、云南、西藏等地拍鸟。其中去云南百花岭拍鸟的场景，令人难忘。那时刚刚入道，去南方拍鸟也是第一次，那些红的、绿的、花的南方漂亮的鸟类，从来没见过。我的手指也随着它们的到来不停地按动快门，拍鸟的过程中我完全融入了奇妙的大自然中，有了一种回归的轻松与快乐。

在拍鸟的间隙，欣赏百花岭大山里的风景：白云在山间徘徊，青翠山林时隐时现，湿润的空气让人十分舒畅。

2023年9月我与鸟友结伴自驾去西藏拍鸟，历经37天，行程14 000多公里，拍到《世界濒危物种红色名录》上列为一级濒危物种、国家一级重点保护野生的藏雪鸡、胡兀鹫等新鸟20多种。

藏雪鸡

藏马鸡

观鸟人的"麦加"——北戴河

钟嘉

介绍北戴河作为国际观鸟胜地的文章在 2000 年前后有好几个版本，大同小异或各有侧重。给鸟友看的较多写鸟，给一般报刊读者看的较多介绍背景知识。本文这个版本大约是 2001 年，已经在写环境的破坏和改变。左侧图片则是《人民日报》（海外版）那个版本的剪报，应该是第一个版本，1999 年 9 月发表的，还是很传统的竖排文章。

1992 年 5 月，北戴河金山宾馆云集了许许多多来自英国、北欧国家和德、法、美、日等国的宾客。你前脚来我后脚到，不约而同，以致创造了这家宾馆一天入住 150 位外国客人的最高纪录。

北戴河是我国北方著名的海滨避暑胜地，旅游旺季在 7 月、8 月，春天有那么多外国客人到访，他们别有所图——观鸟。十几年来，已有上千人次的外国客人来北戴河看鸟。颈挂双筒望远镜，手携单筒望远镜，四处转悠，东张西望的"老外"，成了北戴河居民熟悉的景致。

深进内陆的渤海湾和几乎近抵海滨的燕山山脉，使北戴河及周边地区的滨海平原如同一条狭窄的通道，拢住了成千上万只沿着海滨飞行迁徙的候鸟；恒河、戴河、洋河、滦河等在入海口附近形成的泥滩、潟湖以及水流滞缓的河道，则为鸟们提供了歇脚的地方和丰富的食物。1985 年，英国剑桥博士马丁·威廉姆斯先生为了观鸟，根据丹麦人 20 世纪 30 年代留下的一个旧资料找到北戴河，那时他的惊喜由于没有同伴看见而无从描述。1987 年，他在时任北戴河旅游局局长徐晓红女士的陪同下来到邻近北戴河的乐亭县快乐

113

岛，徐晓红形容当时的马丁："眼睛瞪得贼大。"因为他看到了期望中和意料外的许多许多鸟，甚至有重大收获。以后他和北京自然博物馆研究员、中国鸟类学会副理事长许维枢先生连续数年到北戴河，开创了面向国际的北戴河观鸟。如今，北戴河这个远东最好的观察迁徙候鸟的地方，被称为观鸟人的"麦加"，渤海湾其他地方都不可替代，来此观鸟的外国客人每年保持在100人次左右。

作为观鸟胜地，北戴河的概念包括一系列海滩和淡水河口，以及昌黎七里海、山海关角山、乐亭快乐岛、青龙满族自治县老岭……因为北戴河是开发已久的海滨避暑旅游区，交通、住宿、餐饮、金融等一系列旅游服务设施不仅完善而且质量上乘，外国观鸟者便以北戴河为大本营，在通常两周的行程中，去一天角山，去两天老岭，给快乐岛安排4天，其余时间在北戴河附近活动。春秋两季是北戴河的旅游淡季，迁徙候鸟较少受到游人打扰；而外国观鸟团的到来，则给冷清的旅游业带来忙碌又不失从容。北戴河国旅连年接待外国观鸟人，积累了不少经验，去哪些地点，用时多少，车辆在哪儿等候，饮食口味的调剂，都安排得井井有条。他们还将员工私人自行车租给希望有廉价交通工具的观鸟客人。

5月上中旬，12天行程，观鸟者在北戴河及周边地区一般可以看到约200种鸟，而且很多是中国特有种或世界珍稀种。比如遗鸥，这种鸟被鸟学界定名不久，充满神秘感，至今不知越冬地在何方，北戴河可以看到它的迁徙群。又如黑嘴鸥，已知数量仅2 000只，基本分布于中国东部沿海，滦河口是它仅有的三四个繁殖地之一。褐头鸫，数量稀少，只在河北北部1 500~2 000米山地繁殖，越冬地不详，希望看到这种鸟要上老岭……

像任何收藏爱好者乐于增加收藏品一样，观鸟者对增加所目击鸟的种数总是很兴奋。但外国观鸟人在北戴河得到的乐趣不仅仅是记录到多少种鸟。那些来自万里之遥的西欧、北欧的观鸟人在北戴河见到熟识的家乡的鸟，凭着本国出版的鸟类图鉴鉴别出中国土地上的鸟，那种"他乡遇故知"的情感波澜岂是"兴奋"可以形容？而填补鸟类学空白，更是观鸟者梦寐以求的事，在北戴河，就常有这种可能。北戴河曾记录到世界上最大群的东方白鹳2 729只，世界最大群的鹊鸲14 534只；还有浩浩荡荡凌空而过的丹顶鹤群和白鹤群，被环志的来自澳大利亚的涉禽、来自鄂尔多斯的遗鸥……十几年里，北戴河的鸟类名录被观鸟人一再改写，从300多种增加到405种。1999年5月和2000年5月，又有至少10种鸟被写进名录。其中，蓝额红尾鸲和栗冠莺以往没有在中国出现过（今注：原文如此），而看到棕腹仙鹟、日本歌鸲、褐头鸫、蒙古百灵等，都令观鸟人万分惊喜。

观鸟本是鸟学研究野外作业的内容，但由于鸟类的美丽，吸引了业余者加入，目前在发达国家已是比较普遍的休闲活动，对鸟学研究也提供了大量有价值的资料。观鸟者来自不同职业和不同阶层，但无论什么身份，亲近自然，关爱野生动物是他们的共同志趣。令外国观鸟人遗憾的是，在北戴河很少遇到中国知音。而年复一年，他们看到北戴河及周边地区房子建得越来越多，鸟类栖息地却不断萎缩。滦河口黑嘴鸥的繁殖地刚被发现还未及公开报道就被破坏了，鸟去巢空，现在巢也已经找不到了。七里海沿岸到处是新挖的虾池，鸟类栖身的芦苇地几乎荡然无存。北戴河鸽子窝附近的一片农田与林地于2000年春天被推土机推光，铺设了人工草坪，使许多灌丛鸟种失去栖身之所。北戴河区内也总有人张网捕鸟，说是阻止麻雀糟蹋粮食，实际上麻雀并不是绝对的害鸟，何况捕到的还有伯劳、苇莺等不少食虫鸟，它们不是被弄死就是被小孩玩死，也有的被卖到鸟市。当地居民到联峰山上"喊早"，使鸟类逃之夭夭；甚至有个别人无端干扰外国客人观鸟。

1999年首届北戴河国际观鸟大赛时，两支来自北京民

1998年10月北京观鸟人第一次集体去北戴河观鸟。

间环保组织的观鸟队参赛使外国人喜出望外。他们不是高兴多了竞争对手和切磋对象，而是高兴中国有了以观赏野生鸟为旅游休闲方式的爱鸟人士，有了了解观赏野生鸟意义的环保人士。外国观鸟人期望北戴河的鸟由于有中国爱鸟人的呼吁而被救助，他们也期望有更多的中国人加入到观鸟行列中来，更希望北戴河的鸟类栖息地能够建成自然保护区。

说来有些凑巧。100多年前，当时在北京居住的外国人为寻找一个海滨避暑地发现了北戴河，随即在北戴河开浴场，建别墅，逐渐使北戴河成为避暑胜地。80多年后，又是外国人为追寻迁徙飞鸟的踪迹而找到北戴河，使北戴河迅速成为蜚声世界的观鸟胜地。100多年来，中国人可以接受外国人的度假观念把北戴河开辟为避暑胜地，相信改革开放后的中国也会因生态意识的觉醒，接纳观鸟这种融健身、学习、娱乐为一体的休闲方式，享受野外观鸟的乐趣，从而认识北戴河作为鸟类栖息地——观鸟人的"麦加"的无与伦比。

（今注：看到结尾，那时写文章多乐观！可改革开放后的中国，生意意识觉醒得好快，"向钱看"一往无前，而生态意识觉醒得好慢，比这篇文章晚了快20年了才想起来。等今天重视生态了，北戴河的鸟类栖息地几乎消失殆尽，能保留的也面目全非，哀痛！）

北戴河森林湿地公园，整得太干净美丽，鸟儿却失去了落脚地。

怀念远去和并未远去的北戴河

钟嘉

又到5月，按惯例，是北京鸟友去北戴河观鸟的好时节。但是去记录中心查询，这个五一假期的前4天，一份北戴河的观鸟记录都没有！往前一年的2020年5月前5天，也一份记录都没有。又往前依次翻到2015年，这5年的五一假期，都没有观鸟记录。扩大到5月1日—15日，2019年没有，2018年有2份记录，共25种鸟，2017年没有，2016年有5份记录，35种鸟，2015年没有。

查看2016年的5份记录，原来，全是我一个人的，全是在北戴河的宾馆院子里看的，还有一份是重复的。呵呵，等于还是没有人去北戴河看鸟！

#	报告编号	观测时间	记录用户	观测地点
1	2016051300018	2016-05-13 14:00 至 2016-05-13 15:30	橘树	河北省秦皇岛市北戴河区东海滩
2	2016051300017	2016-05-13 12:00 至 2016-05-13 13:30	橘树	河北省秦皇岛市北戴河区东山宾馆
3	2016051300016	2016-05-13 06:00 至 2016-05-13 07:00	橘树	河北省秦皇岛市北戴河区金山宾馆
4	2016051300014	2016-05-13 04:30 至 2016-05-13 06:00	橘树	河北省秦皇岛市北戴河区金山宾馆
5	2016051400003	2016-05-13 04:30 至 2016-05-13 13:30	橘树	河北省秦皇岛市北戴河区友谊宾馆

（补充一句，秦皇岛鸟会这些年的鸟调记录很多，几年没有中断，但都在任鸟飞项目里）

归纳几条理由来解释为什么没有人去北戴河观鸟了：

一些适宜生境毁了；

一些曾经的鸟点不让进了；

就近有替代的鸟点了；

中国鸟人更成熟了。

解释一下最后一条：中国鸟人更成熟了，当然也是在前三条的基础上。

北京是中国大陆最早有观鸟人群的城市，北戴河是中国沿海最早有外国人组团来观鸟的地方，于是，北戴河成为北京鸟友在5月黄金季节频繁造访的胜地。

一边是北戴河的观鸟点陆续被毁被关（不让进），一边是北京鸟友在京郊不断发现好地方，如此，北戴河观鸟的性价比越来越低——在北京郊区看鸟就好了，何必跑北戴河。

而北戴河的性价比高，是对于外国人来说的。来一次，看250种以上的鸟，绝大部分是沿东亚—澳大利西亚候鸟迁飞路线迁徙的，欧洲美洲的鸟点难以替代；尤其是"西伯利亚系"的小鸟，5月上中旬集中经过渤海湾，如果不来北戴河，想在越冬地或繁殖地目击这些小鸟，耗费时间金钱巨大还可能性极低——谁能去西伯利亚繁殖地找这些小鸟？难以想象。

而随着中国鸟人队伍的扩大和观鸟目的地的覆盖日益广泛，加上出行频次增加和鸟技提升，陆续在天津沿海、辽宁沿海、江苏沿海、青岛、上海等地，收获了北戴河鸟点的那

外国观鸟团不被允许进入某些观鸟点而不得不离开。

魔术般的北戴河宾馆大院，总有那些"西伯利亚系"的小鸟落脚其中。

些迁徙飞鸟，并逐渐固定了这些鸟在当地出现的规律，还增加了不少北戴河难得一见比如去了日本而不经过渤海湾的小鸟，成为国内远近鸟友有计划的观鸟目的地，北戴河，无可避免地被冷落了。

然而外国人还是会来北戴河，每年5月上半月，还是会收获250种左右——尽管每一种的数量可能减少，密度降低，观察难度增加，但是这些鸟还是会集中经过北戴河！当欧美大部分资深鸟人都来过甚至数次来过北戴河，但是总有一些新人要看"西伯利亚系"小鸟，而且观鸟意义上的北戴河，还包括唐山沿海及岛屿和秦皇岛北部的山地，综合起来看，外国团仍然组得起来，只是这两年因为疫情而中断。

北戴河旅行社接外国观鸟团的生意，从20世纪90年代的高峰（一天同时入住150个外国人）逐渐减少，到前两年的寥寥无几（同期只有十几二十人），到这两年的中断，如果疫情再持续，领队退休了，地陪退休了，都难以为继，换人则难以及时跟上鸟点、鸟况的变化，北戴河就真成了消失远去的经典鸟点。

而实际上，北戴河包括唐山的那些地方，那些鸟，并没

有离我们远去。不管怎么说，只要我有合适时间，5月，还是要去北戴河的。

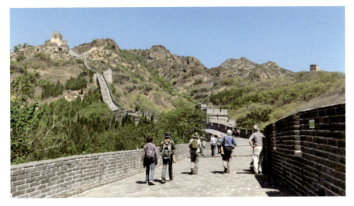

外国观鸟团登山海关角山长城也是常规项目。来中国总要爬长城的，捎带看鸟，山鹛、山噪鹛都是中国特有种，可能还不止这些。

难说，也许是北戴河"最后的"外国鸟导与地陪（摄于2019年5月）。

中外"鸟人"聚会北戴河

——2005北戴河国际观鸟大赛侧记

钟嘉

2005年5月的文章，原刊于《人民日报》（海外版）。时隔十几年再看，如今一个队24小时超过100种的比赛记录，哪里寻？！这就是曾经的北戴河！

正当2005年"五一黄金周"开始的时候，一场没有观众的比赛在中国渤海湾畔的旅游胜地北戴河悄悄拉开序幕——来自欧美多国和中国的几十支队伍，于5月上半月里，先后陆续参赛，分散在从唐山到秦皇岛沿海100多公里的湿地、树林、农田间，搜寻着鸟类身影，记录下这些飞翔的精

灵的名字。

北京"疯狂鸟人"挑战英国"野翅膀"

国外观鸟者到北戴河观鸟，自1985年起到今年整整20年了。粗略估计，先后有超过3 000人次的外国观鸟者来过北戴河，这个知名的避暑旅游胜地，因此又成为国际观鸟胜地。1999年曾经在北戴河有过一次国际观鸟大赛，但只有外国团队参加，时隔6年，2005年的北戴河国际观鸟大赛中，

中国人唱主角了。

　　Twitcher 在英文中有"执着观鸟而狂热之人"的意思，北京一个 7 人组合给自己的队伍取名"Twitcher Seven"。他们赛前"沙龙"了一把，讨论大赛攻略，恶补珍稀鸟种辨别要点，比赛前段牛刀小试，把路线和鸟况摸了个清楚，到大赛最后关头，一个 24 小时赛程就记录到 152 种鸟，超过老牌观鸟团英国野翅膀队 20 多种，一举夺冠。

2005 年 5 月，Twitcher Seven 队在比赛中。

　　中国大陆开展观鸟活动不到 10 年，英国、北欧等国观鸟已有上百年历史，而且英国观鸟者到北戴河观鸟有 20 年了，对路线与鸟种的熟悉国内观鸟者也无法与之相比。但是，Twitcher Seven 队装备的"长枪短炮"都是国际名牌；7 个人是强强组合，既有熟悉海滨涉禽和鸥鸟者，也有对猛禽颇有心得者；手里的参考图鉴，也是世界级的手册；加上他们全程自驾车，对时间、路线掌握灵活，借助外国人多年的经验，重点攻取经典鸟点，力拔头筹也在情理之中。

　　仅仅 24 小时的记录鸟种数目还不能完全表现中国观鸟者的水平，再看他们的鸟种名单中，赫然出现橙胸姬鹟、淡眉柳莺这样的鸟名，更能说明中国大陆观鸟者的飞快进

步。在北戴河见到超出本来分布范围的鸟种，在难以区分的鸟群中发现特殊的鸟种，都是能力的体现。橙胸姬鹟被评为本次大赛至尊鸟种，目击辨认淡眉柳莺的队伍获得大赛慧眼奖，更是中国大陆观鸟者的自豪。当野翅膀团的团员看到 Twitcher Seven 队比赛中拍下的一张张珍稀鸟种照片，也不尽赞叹"very nice"（很好）。

　　随着中国经济发展，人民生活水平和文化追求的提高，观鸟这种高消费的休闲活动越来越多地成为普通中国人的娱乐选择，置办高级望远镜，购买国外资料图书，拥有自己的汽车，给中国观鸟者的水平插上了腾飞的翅膀。虽然多数中国大陆的观鸟者还没有达到 Twitcher Seven 队的水平，但明天会有 70 个、700 个中国 Twitcher，谁都不会怀疑。

精彩纷呈的不仅仅是鸟

　　此次大赛参赛队伍的多样性与鸟类的精彩纷呈一样令人激动。外国参赛队都是原定前来观鸟的旅游团队，听说今年有观鸟大赛，很热情地索取了记录册投入比赛中，一些自行前来的国外散客也很积极地提交观鸟记录。除了英国团外，还有美国、澳大利亚、瑞典、挪威、丹麦的观鸟者参赛，没有谁为了比赛而刻意竞争，只是通过提交记录来表达对北戴河的鸟的一份关爱。

　　十几年前，高高大大的英国小伙儿史蒂夫来北戴河观鸟，爱上了一位北戴河姑娘。他们结婚后先在英国居住，这几年史蒂夫到北京谋职，在商界颇有成就，但他仍不能放弃观鸟。此次大赛期间适逢史蒂夫夫妇回北戴河休假，两人也拿了一本记录册投入比赛，提交了包括小滨鹬、栗苇鳽等 100 种鸟的记录，为大赛的总记录增添了精彩。

北京观鸟会是这次大赛的发起方之一，北京鸟友先后有100人次参赛。他们五一期间三五结伴到北戴河观鸟，临近大赛尾声时又集中来到北戴河再次提交记录。秦皇岛野生动物救护中心和河北平山县西柏坡爱鸟协会都组队参赛，还有远自上海、河南、湖南的观鸟爱好者赶来北戴河。慕北戴河之名是一，凑大赛热闹是二，参赛队共同的愿望是看看每年春天迁徙经过北戴河的鸟，希望通过大赛的声势，呼吁社会各界对这些鸟类的栖息地给予保护，这也是主办单位中国野生动物保护协会的初衷。

我国台湾地区开展观鸟活动已经30年以上，但组团来大陆观鸟这是第一次，鸟种收获的惊喜不说，能够参赛、和北京等各地鸟友聚会也很高兴。祖国大陆广阔河山，观鸟胜地不胜枚举，对台湾鸟友很是诱惑；同样，宝岛台湾地理地貌特殊，有许多特有鸟种，对大陆鸟友也颇具吸引力。恰逢两岸正在协商开放大陆游客赴台湾旅游，去台湾观鸟眼看可以实现，台湾朋友热情相邀，大陆鸟友跃跃欲试，大赛联谊酒会上，两岸鸟友互赠纪念品，相约一起看鸟，憧憬下次聚会，其乐融融。

北戴河成为国际观鸟胜地，功推1985年首先来观鸟的英国观鸟人马丁。马丁在此次大赛中受邀前来担任评委，重走当年的观鸟地点，动情依旧。他与北戴河区政府负责人商议，把北戴河及周边地区建成自然保护区和观鸟基地，促进生态环境的和谐与国际观鸟旅游的持久发展。这个愿望如果实现，也许是本次大赛最好的收获。

大赛记录册封底封面 蛐蛐设计

乐亭魔术林边，一片片树林现在已经在唐山海港开发过程中消失了！看今天幸存的乐亭大树林垃圾遍地（橘树摄影）。2005年，马丁与北戴河区政府负责人商议，把北戴河及周边地区建成自然保护区和观鸟基地，促进生态环境的和谐与国际观鸟旅游的持久发展。这个愿望如果实现，也许是本次大赛最好的收获。

马丁在北戴河观鸟大赛中当评委

和英国观鸟团一起上老岭（祖山）

钟嘉

2000年的文章，原文奉上，当时的水平，当时的认识，今天看都有意义。同期发一篇前两年再上老岭的文稿，很多新的认识，解决了当年的疑问；而有过去的对比，今天的认识才有出处。

祖山风景区是秦皇岛市旅游金三角——山（祖山）、海（北戴河）、关（山海关）之一角，以峰奇水异、洞幽石美、花繁树茂、谷深溪清为特色。但是，每年都到北戴河观鸟的外国团队，总是称祖山的俗名"老岭"，也并不在最适宜游览的夏季光临，只选5月中下旬登山。"老外"来看什么鸟呢？2000年5月，我找机会和英国野翅膀队一起，上了一趟老岭。

野翅膀队的领队托尼·马已经8次带团来北戴河观鸟，他有责任使团员尽可能多地看到期望看到的鸟，他自己也希望在带队过程中为他已有的5 000多种鸟的目击纪录再增加新鸟种。北戴河及周边地区是世界知名的远东最好的观鸟胜地，伸进内陆的渤海湾和逼近海滨的燕山山脉，使每年春秋两季的迁徙候鸟到了这里如同进入一条窄胡同，密度增大；

又由于地貌的多样化，使不同科属的许多种鸟都能在这里寻得一席歇脚之地，水鸟选择海滨、湿地，林鸟，尤其是喜欢栖息在高海拔地区的鸟种，自然会选择老岭。语言障碍，我不能详细询问托尼·马瞩意的鸟种，等着看吧，看哪种鸟能让他们兴奋。

进了山我才知道，到老岭看鸟太不容易。山大林深，漫山都听得见鸟鸣，就是难寻鸟的踪影。而且山上气候多变，一会儿雾一会儿雨，云层厚能见度差，太阳下又可能逆光，给观鸟带来相当难度。英国是最早兴起观鸟活动的国家，观鸟人数多，观鸟器材、工具书都很够水平。也许正是难度大才更富挑战性，才更吸引人，否则怎分高下？老岭便是他们一显身手的地方。一进山门，20 多位野翅膀队员拉出一溜高倍望远镜，我根本没看见动静，他们已报告了 3 种鸟。在大家视线的指引下，我看清了落在高大山岩上的蓝矶鸫（Monticola solitarius）。而那只灌丛中的灰眉岩鹀（即戈氏岩鹀 Emberiza godlewskii），要不是用托尼·马调好的高倍望远镜，我只能闻其声了。

第一只令英国人兴奋的鸟是黑头䴓（Sitta villosa）。在山上宾馆附近的一处民房外，英国人都站住不动了，把望远镜镜头和照相机镜头对准了房子的山墙角。我很纳闷：看什么呢？房子上没有鸟啊。15 分钟过去了，谁也不出声，谁也没换地方。忽然有人转过身来，用双筒望远镜看一根电线杆顶，我也看见了，那上面有一只小鸟！光线太暗，只得轮廓，不辨颜色。它继而飞到我们头顶的树枝间跳来跳去，我脖子仰酸了，有个初步印象。我轻声问托尼·马："是不是一种䴓？"他还没回答，这小鸟一下飞向山墙角，原来那里有个

砖缝是它的巢！几分之一秒内，几架照相机早就对好的快门同时按下，嚓嚓嚓嚓，唑儿唑儿过卷儿的声音响成一片。刚落脚的小鸟听着不妙，一个转身又飞走了。英国人开始收家伙换地方，托尼·马翻开图鉴指给我看：黑头䴓，中国特有种，

黑头䴓

只在吉林东部到陇东狭长的北方一线山地栖息。惭愧，我在北京颐和园后山见过它，这会儿即使看不清也该想到啊！外国人大老远来，最想看的就是中国特有种嘛。

当天下午，大伙儿的收获是牛头伯劳、鹰鹃和凤头蜂鹰，不算十分稀罕。艳阳之后转眼下了大雨和冰雹，多数人都无功而返，可落在最后的 6 位，一见专程陪团的旅行社总经理王玉珍就争先恐后地报告：Grey-sided Thrush！王总听差了，Great 什么？后来才弄明白，这种鸟中文名"褐头鸫"（Turdus feae），英文名也叫 Fea's Thrush。这 6 位在晚饭桌上翻图鉴告诉我，他们来老岭，最想看到的就是这种鸟，托尼·马几

次来都无缘结识，这一次又失之交臂。褐头鸫只于夏天在河北北部海拔 1 500~2 000 米的针、阔混合林出现，度冬情况不详，而且数量稀少，谁有缘碰见简直如同中了头彩。托尼·马和几个极想亲眼目击褐头鸫的鸟迷受了刺激，决定明早 3 点起床，步行上山寻找褐头鸫！

看来托尼·马明年还得来老岭，第二天褐头鸫不知去向。值得一提的战果是两个人看到了勺鸡，这也是在高海拔栖息的鸟类。听到这个消息，我一下明白，头天下午几个英国人坐在山路石阶上快一个小时不挪窝，也不说话，那是等勺鸡呀！我开始时和他们一起，不断听到环颈雉"咳、咳"的叫声，间或还有其他鸟叫，我就听不懂了。忽然有一只大鸟噗噜噗噜从我们前面不远处惊飞，我认为是环颈雉雌鸟，这种情况在北京近郊山地很常见。我继续前行，英国人却都站住了，后来又都坐下了。没有翻译，我不知他们意图，只好自己找鸟看。浓密的灌丛中有鸟！我蹲下来寻声而望，全被枝叶所挡，只见有东西（还不小）在动，却看不出个眉目。再一会儿，连动静也没了，我又前行。事后想来，如果换英国人，肯定蹲守那只鸟回来，因为很可能那里有它的巢。5月中旬繁殖季节，蹲守巢区附近等鸟回来应是上策。可惜上策被冰雹大雨破坏。这次老岭之行，只有 2 人有幸目击中国国家二级保护动物勺鸡。

第二天有趣的一幕是看发冠卷尾。同一天上老岭的有 4 个芬兰人，他们五一之前就来北戴河了，据说是搞鸟类摄影的。下山路上野翅膀队情绪不高，看到芬兰人停车路旁守望，也停车期望能有新收获。时间所限，芬兰人说的 Drongo（卷尾）又迟迟不见，只好登车继续下山。到山门处午饭，吃着简单的三明治，托尼·马很绅士风度地对王玉珍说："不可能什么都让你看到。"没过几分钟，停车场旁边忽然有闪着蓝光的黑色大鸟飞过，连我也一下看清了，大喊："Drongo！"所有人都奔向望远镜，等它一落，纷纷对焦那丛树林。发冠卷尾，东洋界的山地鸟，河北到辽宁是它栖息地的北限。紧接着，又有两只发冠卷尾光顾。恐怕此时该为山上的芬兰人遗憾了。

令人激动的最后一幕也发生在停车场。午饭后大家抓紧最后的半小时分散活动，停车场上只剩一架望远镜，镜头已经包起来，它的主人向远山了望着，我想像得出他"再来一只鸟吧"的心情。他忽然快速举起双筒望远镜，又迅速回到单筒望远镜前，打开镜套把镜头对准正前方。随后，他飞快地转身奔另一方向的托尼·马和其他人而去。我赶快跑到这架望远镜前，镜头里是一只小得不能再小的鸟，在一块巨岩顶上，除了淡淡的白眉纹，上体棕色，下体白色，没有其它特点，而且离我们那么远。很快，托尼·马和其他人都来了，望远镜迅速支成一大排，有人比画着那山岩的形状，指点别人找到那小鸟的位置。那小鸟真给面子，等到所有人都紧紧张张地从望远镜里对准了它，它张嘴唱出响亮的一曲："嘘——嘘嘘嘘嘘……"虽然距离遥远，但山谷的回声足以让所有人听清了它的歌唱。每一个凑在望远镜前的脸都抬了起来，每一个人都长出了一口气。托尼·马在新出版的《中国鸟类野外手册》（英文版）上为我找到这种小鸟，说它叫"Chinese Bush Warbler"。中国树莺，听名字就知道英国人不虚此行了。

注：中国树莺的拉丁文学名是 Cettia canturians，《中国鸟类野外手册》中文版将它的中文名译为"远东树莺"。《中国野鸟图鉴》上所录英文名为"Chinese Bush Warbler"的鸟，

中文名为"中华短翅莺"（Bradypterus tacsanowskius）。英国人所用的英文鸟名常与我们国内出版的图鉴上的英文鸟名不一致。

多说两句：祖山（老岭）的鸟况，参看另一篇文章《二上老岭》。现在知道了，褐头鸫5月下旬上老岭，还不稳定，再晚一点，百分百能看到。但是英国观鸟团5月的北戴河行程在5月25日前结束，北戴河的滨海鸟类过境期一过再上山，看褐头鸫的概率就没有百分百了。

中华短翅莺　　摄影：范怀良

"得青海和北戴河者得天下"？

钟嘉

5月下旬去了青海湖，6月下旬又要去玉树隆宝滩，刚刚写下"第15次去青海"，就要去第16次了。

开始观鸟后的1998年和2002年，两次找机会公差上青海，后来就有了2005年的中国大陆鸟友第一次组团AA制上青海观鸟。那几年听闻一句话："得青海和北戴河者得天下"，不知出处是哪儿，是英文翻译还是中文原本。总之，讲的是以国际观鸟的视野，中国对外开放之后，能带团上青海和北戴河的国际鸟导，吃定了最大的赴中国观鸟市场，而且吃饱了。

今天回头来看这句话，也许过时了，但是其含义还是令人感慨。

20世纪80年代伊始，中国对外开放旅游市场，一批外国观鸟者就借机来中国观鸟了。但是他们没有中国的鸟讯，不知去哪里看，或者不知怎么抵达那些令人垂涎的鸟种所在地。那时也没有中国本土鸟导，外国人在中国两眼一抹黑。零星

连续多年来北戴河观鸟，老麦克与很多当地的观鸟人成了朋友。

的不计，重要突破口先后或几乎同时出现两个。一个是英国人马丁，他根据旧资料找到北戴河，在中国鸟类学者许维枢先生的支持下，1985年终于开创了北戴河国际观鸟；另一个是丹麦人叫思波，他读大学时来云南旅游，邂逅了一位青岛姑娘，于是去了姑娘当时所在的格尔木，开始在青海观鸟。

这两位的起步，推动了国际观鸟市场中国份额的急剧增长，当然青海是慢慢来的，北戴河则如喷泉般一发而不可收。1993年5月的北戴河金山宾馆，一天入住外国"鸟人"超过150位。"几乎所有欧美的观鸟者都要至少来一次北戴河，其实还不止"，我就遇见来过10次北戴河的英国老头儿。多年后北戴河国际观鸟热度降低，是因为已经一网打尽了所有西方老"鸟人"，再来者只能是新人了。

而老叶（叶思波）在青海的柴达木盆地边缘孤苦伶仃，住着小平房，靠太太当老师的收入捉襟见肘地生活。老叶徒步在格尔木周边找鸟看，至少整整4年。其间是否约来外国鸟人在格尔木附近或青海其他地方观鸟收费，不得而知。推测是有的——别说4年，不要1年，老叶发布（那时还没有网络，写信是唯一手段）的青海鸟种就能馋坏了西方鸟人。

等老叶搬家到西宁，正式开始与青海的旅行社合作，招募外国团来青海观鸟。在太太的每日教导下，那几年老叶中文口语日渐熟练，与青海司机的交流不成问题，外国鸟人趋之若鹜来青海跟老叶的团。曾经，老叶陆续在他可以公共交通抵达的西宁周边，开辟了大通东峡林场（今鹞子沟森林公园）、贵德千姿湖（今黄河清湿地公园）、"共和149公里"（县城恰卜恰镇之南两公里，而5月这次上青海特意去找，县城周边修路等工程已搞得面目全非）及西宁北山等鸟点，更有去格尔木一路途经的黑马河—橡皮山—茶卡，以及经鄂拉山口去玉树的一路，最后是囊谦。2002年我公差去玛可河，听说老叶带团来过，遂下决心带国内鸟友再去玛可河，弥补公差不能好好看鸟的遗憾。

老叶在西宁经营数年之后，举家搬到北戴河。那时他已经有了稳定的青海观鸟团的收入，但是他并不满足于此。老叶1987年就初涉北戴河，10年后终于下决心搬家北戴河，把自己的鸟导工作排得满满的：4～5月和9～10月春秋季在北戴河（渤海湾），6～8月夏季上青海，冬季即旱季去滇西（最早由西南林业大学韩联宪老师带外国人去高黎贡山观鸟，后经外国人慢慢摸索，走出一条国际观鸟"金三角"之路）。老叶和太太联手，与青海、北戴河等当地旅行社合作，安排观鸟团的食宿用车等等，而老叶只收鸟导费，美元现金。北戴河的团一般十几二十人，鸟导费较低，而云南、青海，一般只有两台越野车，五六人的小团，按每人每天收鸟导费。一般来说，目标种只要同团有一个人看到，就算老叶没失约。

老叶和青岛姑娘有一个女儿，送去英国读书。大约是 2008 年老叶举家移居北京，大约 10 年后退休，卖掉了北京的房子回丹麦养老。

老叶是一个"得青海和北戴河者得天下"的最好例证。但是为什么不说云南、四川？四川是个例外，先不讲，至少滇西帮老叶挣了不少钱。今天想想，滇西观鸟，那个地理单元的鸟，大多可以在东南亚一线搞定，只是老叶等外国鸟导，早不如巧，借了中国改革开放、经济社会发展的东风。多亏了中国社会安定，交通便捷，想两周看 300 种鸟，难道去缅北钻蚂蟥森林、冒枪林弹雨吗？

和青海相比，去西藏外国人不方便，而且喜马拉雅系的鸟种，也可以从尼泊尔、不丹一线收个大概。除了藏南、藏东南，西藏其他地方，终不敌青海的丰富与鸟种特殊（朱鹮、藏鹀这些，西藏没有）。

而北戴河，现在国内鸟友谁去啊，连北京鸟友都不去，为什么会成为国际观鸟胜地？为什么让外国人源源不绝来渤海湾？那是因为他们要看"西伯利亚系"的鸟！没几个人能去西伯利亚旅行，而以西伯利亚为繁殖地的鸟种在 5 月上中旬集中迁徙过境渤海湾，一片农田里能找出 9 种鹀，也就北戴河了吧（其实观鸟的北戴河是从秦皇岛到唐山一带的代称）。尤其，北戴河刚好是避暑胜地，旅游接待设施齐全，鸟季的 5 月不是旅游旺季，正好打个淡季优惠。一个性价比超高的旅游经典路线因此形成——两周，250 种鸟的旅游经典路线因此形成，不仅西伯利亚系小鸟，还有在北极圈、阿拉斯加繁殖的那些鸻鹬，比如小勺，你来不来？

国内鸟友就近去东海、黄海、渤海边很多地方，迁徙季那些"魔术林"就是明证，北戴河只是其中之一。但是因为老外从北京出入境方便，加上一个山海关、一个祖山，可以看北方山地留鸟中的中国特有种如山鹛、山噪鹛、黑头鸭、勺鸡，还有褐头鸫，再捎上了爬长城，实在不要太划算！

四川呢？那是因为四川的国际旅游起步就高，只要有两个外国人喜欢看鸟，四川国际导游就知道自己的生意可以拓展了。于是基本没外国鸟导什么事，还没等老叶他们涉足四川，蜀地鸟友就崛起了！

与四川的情况同理，中国其他地方观鸟队伍的发展，同时就是鸟讯的积累，才有国内职业鸟导的诞生。"一个地方要成为观鸟胜地，鸟多和观鸟的人多，同为必要条件。" 1999 年去香港参加观鸟大赛后写下的体会，在国内各地都通用。

以上都是老话，不同文章讲过的。今天翻出来是因为又要去青海。

隆宝参赛的队伍一旦确定，各队就开始咨询赛前赛后去哪儿看鸟。帮忙答复了一通，发现我的资讯有些太老了，还是鸟友自己去记录中心查询新鲜出炉的鸟讯才好。尽管去过青海 15 次了，还是会落后的，尤其是青海鸟友崛起后，我们的老经验都过时了。而老经验也是外国观鸟团留下的，他们从欧美过来，在两周时间里怎么安排青海日程，受了很多条件的制约，比如老叶的活动范围，青海还有不少不对外开放的区域。就说黑喉雪雀，刚察——海晏一线，包括哈达滩，都比较多，但是老叶只能死磕"共和149公里"，遇不上就没辙，环湖北线不让外国人去啊。又如互助北山，老叶也带团去过，终归性价比不如鹞子沟而没有成为稳定的路线。而甘肃莲花山在兰州籍厦门鸟友的创意突破后，成为观鸟目的地之西北明星……类似例子太多了，不赘述。再就是季节。青海鸟友现在张口闭口就说冬天好，这不一定是老叶的盲区，但冬天一定是观鸟组团的禁区，仅天气的莫测，无法预见风雪哪天来，就使青海的冬天组团止步。国内鸟友则挡不住，随机择日去青海拍鸟，专程拍兽，已不乏其人。

得青海为什么能"得天下"，还是要看地图。青海是中国的内陆省，但是南北东西跨度巨大。从山地森林到旷野荒漠，从高原草场到江流河谷，从大湖湿地到无垠戈壁，生境极其丰富。祁连山国家公园、青海湖国家公园、三江源国家公园，还有昆仑山国家公园，各个地理单元都有自己的生态特色与野生动物种群，全世界少有地方能比，仅仅一个海拔，就独一无二了。

国内鸟友惦记去西藏、新疆、云南，可国外观鸟者首选青海，因为青海鸟种概括性与独有性太强。中国边境省区肯定有从国外接近或抵达相邻同样地理单元的可能，唯独青海的鸟，非来中国不可。

2007年5月，英国观鸟在北戴河联峰山观鸟。

从我自己来说，2005年就开始在外国人团的基础上变化路线与时间的安排，使行程更适合我们自己的需求，包括大家的期待与承受力——假期、钞票和以往的观鸟经验与目标鸟种，等等。因此对初上青海的鸟友来说，还是根据自己的条件与需求来查询记录中心比较好。现在都有导航，没有更多障碍，只要自己想清楚要什么，根据自身的可能性，就可以做出自己的计划。

感谢 20 多年里，所有带我、陪我一起去青海的鸟友和同事！每一个我都记得！扎西德勒！

2012年5月，英国观鸟团在秦皇岛青龙山区观鸟，在秦皇岛观爱鸟协会的帮助下，秦皇岛域内的一些新的观鸟点被逐步发现，也扩大了外国观鸟团的观鸟范围。

石鸡一家在燕塞湖的幸福生活　　摄影：范怀良

"像保护眼睛一样保护生态环境，像对待生命一样对待生态环境"

　　环境就是民生，青山就是美丽，蓝天也是幸福。要着力推动生态环境保护，像保护眼睛一样保护生态环境，像对待生命一样对待生态环境。

——2015 年 3 月 6 日，习近平在参加江西代表团审议时的讲话

　　生态环境没有替代品，用之不觉，失之难存。在生态环境保护建设上，一定要树立大局观、长远观、整体观，坚持保护优先，坚持节约资源和保护环境的基本国策，像保护眼睛一样保护生态环境，像对待生命一样对待生态环境，推动形成绿色发展方式和生活方式。

——2016 年 3 月 10 日，习近平在参加青海代表团审议时的讲话

第五章 佳作纷呈果盈枝，重整行装再出发

秦皇岛市观爱鸟协会自2006年成立以来，在名誉会长范怀良先生和顾问傅勇先生的悉心指导下，在会长王玉臣、宋金锁的大力支持下，会员们在观鸟爱鸟的同时，不断收集、整理鸟类与生物多样性调查资料，付出了辛勤努力。十余年来，他们编辑出版了一系列鸟类、植物方面专业图书，还系统编辑制作了一系列秦皇岛地区鸥类和观鸟旅游方面的科普读物，这些成果为推动秦皇岛市乃至河北省观鸟事业的发展作出了重要贡献。

从2006年开始至今，秦皇岛市观爱鸟协会已经成功编撰并出版了多部具有较高学术价值和社会影响力的作品，其中包括以鸟类生态为主题的《夏都鸟影》，记录北戴河地区丰富多彩鸟类资源的《北戴河鸟类图志》等图书；还有深入探讨人与自然和谐共生的主题的《我们的朋友——鸟》等专著。此外，河北地区的首部全面系统的鸟类图鉴《河北鸟类图鉴》的出版也离不开他们的付出与努力。

为了普及观察与爱护野生动植物的重要性，协会还积极编辑制作了一系列有关观察与爱护野生动植物及推广观察技巧的学习资料。例如，针对秦皇岛当地特色种类的鸥科动物所编写的《秦皇岛鸥鸟手册》，详细介绍如何在当地进行有效观察及旅行的《秦皇岛观鸟手册》，面向广大市民、游客推出的《秦皇岛观鸟旅游手册》和旨在提高大众对秦皇岛范围内各种珍稀 类的了解程度而精心策划组织编写的《秦皇岛观鸟》《观鸟中国》等协会会刊。

2013 年 7 月 20 日，冀朝铸夫妇（左二、左三）与秦皇岛市关心下一代工作委员会副主任、秦皇岛市观爱鸟协会名誉会长范怀良（右二），在秦皇岛鸟类博物馆观赏《夏都鸟影》图册，交流保护生态、鸟类心得。

观《夏都鸟影》范怀良等鸟类摄影集

冀朝铸（中国著名外交家、联合国原副秘书长）

　　鸟儿是大自然的精灵，是人类的朋友，也是生命世界中既享有广阔的生存空间，又面临某些逼仄困境的族群。

　　1 800 年前，求贤若渴的魏武帝曹操在他的《短歌行》中沉吟："月明星稀，乌鹊南飞。绕树三匝，何枝可依？"诗中比喻的，是大批贤士在歧路徘徊，还没最后选定归宿。但回到喻体上来，却生动地反映了鸟类迁徙活动中，须择木而栖的劳苦，自古而然。

　　历史演进到今天，如果把鸟类生活和迁徙途经的地域比作树枝的话，以休闲、度假、旅游胜地名世的海滨城市秦皇岛可以满怀自信地说：此枝可栖焉！

　　秦皇岛市位于中国河北省东北部，北依燕山，南临渤海，西接唐山，东邻辽宁省葫芦岛市，海岸线长 162.7 公里，总面积 7 812.4 平方公里。境内有流域面积在 30 平方公里以上的河流 48 条，其中 43 条河流在本市境内注入渤海。在漫长的自然历史演化过程中形成了具有典型特色的山野、丘陵和沿海湿地，其中国际、国内公认的以北戴河冠名的湿地总面积 37 510 公顷。有专家认为，候鸟迁徙，大都沿着固定的线路，沿海岸线则是候鸟迁徙的重要通道，秦皇岛恰恰就处在这个通道中间。极具特色的地貌成为候鸟迁徙的路标，而境内河流、水库、沼泽众多，河流入海口滩涂密布，水生植物、浮游生物充足，加之森林广阔，植被茂密，苇丛、草丛、灌丛比比皆是，又为众多的鸟类提供了丰富的食物和理想的栖息之所。因此，秦皇岛野生鸟类资源十分丰富，是世界著名的观鸟胜地之一，也是我国野生资源开发保护的重要基地。据目前资料掌握，全市共有鸟类 18 目 67 科 416 种，其中，留鸟 58 种，夏候鸟 111 种，冬候鸟 47 种，旅鸟 169 种，迷鸟 31 种。

　　20 世纪 80 年代末，英国剑桥大学马丁·威廉姆斯博士在秦皇岛市北戴河区观鸟时，只一个迁徙季节就看到了白枕鹤 500 只、丹顶鹤 600 只、白鸥 2 729 只、白鹤 2 700 只、灰鹤 15 000 只。1987 年秋，丹麦鸟类专家斯蒂克·金森在秦皇岛市北戴河区、山海关区观察到鹰隼 10 814 只，其中白尾海雕 5 只，金雕 5 只，松雀鹰 747 只，鹊鹞 2 227 只，普通鵟 3 162 只。1986 年秋，中国鸟类学专家许维枢教授等在北戴河区看到鹊鹞 14 700 只。在一个地方观察到如此多的珍禽、猛禽，这是在世界任何一个地区都难得的。

秦皇岛鸟类族群日益繁荣兴旺，固然得益于这里独特的自然地理方面的物质条件，也与这里人们的人为呵护、多方面的爱鸟行为和爱鸟宣传教育活动不无关系。鸟类摄影团队，是爱鸟队伍中一支重要的力量。范怀良等同志，则是他们当中的代表。

范怀良同志曾担任过秦皇岛市市级领导职务。在履职期间，他对植树造林、绿化环境、保护湿地等生态建设方面的工作不遗余力，倾注了大量心血。退休以后，他卸去领导工作的重负，却背起了既可鸟瞰也可洞察世界的相机，和他的影友们一起，不知疲倦地奔波在鸟类生活的王国里，拍摄了大量令人惊叹和警觉的反映鸟类生活、生存状况的照片，用形象、直观而又饶有趣味的镜头语言，向人们传播鸟类知识信息，潜移默化地影响和提升人们爱护鸟类、维护生物多样性的意识，在他的影响下，秦皇岛已形成庞大的爱鸟、护鸟、摄鸟的"族群"。现在将他们拍摄的部分鸟类摄影作品结集出版，既是对他们的成果的集中展示，也相信必定能够吸引和感召更多的人加入到自然环境保护事业中来，为保护生物多样性，共同建设鸟语花香的美好家园贡献力量。

人是万物之灵。但鸟的王国，仍然有许多我们未知的领域，需要去观察、去了解，以求有所发现，有所认知。英国诗人威廉·布莱克说："你只要明白这点就好了：天上飞的最小的鸟儿，也是你的五官无法感知的巨大世界。"祝愿范怀良同志和他的影友们借助他们手中的镜头，不断有新的收获。

《夏都鸟影》等科普书籍走进学校

　　自 2011 年由范怀良等编著的《夏都鸟影》出版以来，这本以反映秦皇岛湿地、鸟类为主题的专业图册受到了秦皇岛市、北戴河区等政府部门与各相关单位的热烈欢迎，一直被誉为综合反映秦皇岛生态环境的代表之作。

　　2016 年，在秦皇岛市关心下一代工作委员会与秦皇岛市观爱鸟协会联合创建首个鸟类生态主题馆期间，为了丰富学校鸟类生态主题馆的科普读物与主题素材，范怀良先生将自己珍藏的最后一批《夏都鸟影》图册全部赠送给了海港区文化里小学的师生。

　　《夏都鸟影》作为一本专业图书，走进学校，不仅丰富了学校的科普资源，也为学生们提供了更多了解秦皇岛湿地、鸟类等生态环境的机会。这对于提高学生们的环保意识和生态文明素养具有重要意义。同时，这也体现了社会各界对青少年教育的重视和关心。

《北戴河鸟类图志》入选
全国第四届"三个一百"原创图书出版工程

　　《北戴河鸟类图志》是一部关于秦皇岛地区和河北省地市级区域的鸟类专业科普读物。该书的编写始于 2008 年，由范怀良、刘学忠、萧木吉等编著，于 2011 年出版。

　　2013 年，河北教育出版社将该书带入全国原创图书展销会，并入选国家新闻出版广电总局第四届"三个一百"原创图书出版工程。自 2011 年出版以来，该书受到国内外观鸟人的高度肯定，许多国外观鸟人在来到北戴河后，都会第一时间寻找或购买这本书。2018 年，为了支持秦皇岛森林生态科普学校的建设，协会为各个学校配送了《北戴河鸟类图志》，后来这本书成为教师带学生开展观鸟活动的必备专业教辅图书。

秦皇岛市森林生态科普学校创建与科普读物获省奖

2021年7月，秦皇岛市青少年森林生态科普学校的创建活动荣获了第九届河北省林业优秀科普活动三等奖。同时，由协会秘书长刘学忠和市林业局徐登华等联合编著的《我的自然学习笔记》科普图书，获得了第九届河北省林业优秀科普作品一等奖。

2016年9月，秦皇岛市观（爱）鸟协会在市关心下一代工作委员会和协会会长宋金锁的支持下，在海港区文化里小学建立了河北省首个鸟类主题生态科普馆。2017年，市关心下一代工作委员会在省关心下一代工作委员会的支持下，与秦皇岛市观（爱）鸟协会联合，分别在海港区驻操营中心小学和抚宁区骊城小学建立了两个鸟类主题馆。

2018年，市林业局为了支持市观（爱）鸟协会开展的青少年生态科普教育活动，联合市教育局、市关心下一代工作委员会等单位，在全市组织开展森林生态科普学校创建活动。在市关心下一代工作委员会与观（爱）鸟协会创建的鸟类主题生态科普馆的基础上，再次吸引了25所小学加入，并投入资金在28所学校内建设森林生态科普馆或科普长廊，为10所实验学校配备教学一体机，为所有的科普学校师生编写了《我的自然学习笔记》图书，购买了中国鸟类观察、北戴河鸟类图鉴等科普资料。

2019年，邀请国内外的专家、学者，组织所有的科普学校领导、教师进行了为期5天的生态科普学校教师集中培训、交流活动，希望各学校的教师回到学校后，能够在各校园内形成学习生态、保护生态的良好氛围。

匠心精琢　求索自然

秦皇岛市观爱鸟协会副会长 高宏颖

天地和，则万物生。地球上的生物千姿百态、形形色色、皆有生机。生物多样性滋养着我们的家园，维护着生态平衡，给予着人类生机。人类与自然，是休戚与共的生命共同体，也是社会主义生态文明建设的契合点。

在习近平生态文明思想引领下，秦皇岛市明确了以建设一流国际旅游城市为目标，坚定不移实施生态立市的战略思想。积极开展生物多样性资源调查，发掘和保护我市的生态资源，成为建设沿海强市、美丽港城和国际化城市的坚强保障。

2023年8月，编委会来到《秦皇岛昆虫生态图鉴》编辑现场，专访了秦皇岛乃至河北省唯一一位精通鸟类、植物、昆虫的自然达人高宏颖先生。在高先生的讲述中，他回顾了10余年来探索自然的艰辛历程与收获。

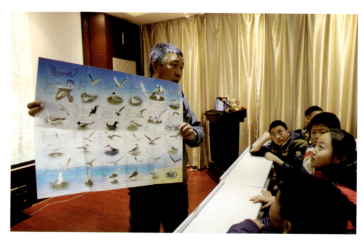

2014年12月9日，高宏颖先生在山海关区老龙头小学给学生讲解鸟类知识。

2019年4月16日，高宏颖先生在海港区向村委会、居委会赠送《河北鸟类图鉴》。

一、千羽临碣石　万鸟惊拍岸

鸟类资源调查在鸟类保护系统工程中具有重要地位。2010年高宏颖加入秦皇岛市观鸟协会后，便开始了自己的观鸟爱鸟、自然探索之旅。与协会名誉会长范怀良等志愿者制定了《秦皇岛市、河北省鸟类资源调查五年规划》，正式开展秦皇岛地区鸟类资源调查工作。尽管面临诸多困难，他们依然顶着寒风、冒着酷暑，历时五年完成了这项工作。

2015 年，高宏颖发表了《秦皇岛地区鸟类资源调查报告》并出版了《野鸟寻踪——走进中国观鸟之都秦皇岛》一书。该书共记录和统计 504 种隶属 20 目 56 科的秦皇岛地区野生鸟类种数，其中包括偶见种 139 种和稀有种 102 种。此外还有小凤头燕鸥、杂色山雀等新记录的 12 种鸟类物种以及国家二级以上保护鸟类金雕、遗鸥等 72 种物种。

完成秦皇岛地区的鸟类资源调查后，已近 70 岁高龄的范怀良先生与高宏颖再次联合行动，展开河北省范围内的全面鸟类资源调查工作。他们寒冬从山海关老龙头出发，盛夏深入太行山脉的驼梁保护区，在白雪皑皑的塞北草原上坚定跋涉，再到河北最高峰的小五台山上努力攀登……无数个日夜艰辛历程的付出，最终化作了一部优秀的成果：《河北鸟类图鉴》。该书由燕山大学出版社出版，是第一部代表河北参加全国图书展的图鉴类图书，2018 年荣获河北省"冀版精品出版工程"第二届原创作品征集评选"优秀原创作品"。

二、树木丛生绿　百草花丰茂

高宏颖先生 2017 年完成秦皇岛及河北地区的鸟类资源调查，随后将关注点转向了野生植物。与鸟类资源调查不同，每种植物都需要走到它跟前才能发现，因此需要观察其"春天的花"和"秋天的果"以确定种类。从秦皇岛最东面的长寿山到最西面的滦河岸边；从最高峰的都山之巅到最南面的黄金海岸，高宏颖先生走完了 70 个乡镇几十万公里徒步探求之路。在这三年的风雨历程中，他再次证明了自己坚定的斗志和不屈的精神。

2020 年，在高宏颖的不懈努力下，《秦皇岛野生植物图鉴》一书问世。这部著作全面、翔实地记录了秦皇岛地区 1 010 种野生植

高宏颖先生在山区拍摄、寻找野生植物、昆虫。

高宏颖先生与他的团队，为了拍摄记录到更多的昆虫，不分昼夜地在野外寻找、拍摄。

高宏颖先生的《秦皇岛昆虫图鉴》编辑团队正在加班加点地编辑、设计。

物的种类、分布及生境状况。书中还展示了河北省新记录的 40 多种植物物种，进一步证实了秦皇岛生物多样性在省内乃至全国的重要地位。同时，为所在区域青少年以及植物爱好者提供了一本重要的探索自然之典籍。

三、蜻蜓点绿水　蝶舞山花香

昆虫是自然界最庞大的家族，占全球动物种的五分之四还要多，更因为它与植物相生与共，一同进化繁衍，使得昆虫在生物多样性中有其特有的重要作用。高宏颖介绍，他在 2018 年开始调查秦皇岛植物资源的同时，也开始了对秦皇岛地区全域昆虫分布、种群、数量的全面调查工作，并带动了秦皇岛市观爱鸟协会的雷大勇、孔祥林等志愿者加入了昆虫的调查、拍摄行列。

历时 5 年的风雨、寒暑，他们先后发现了 1 800 余种昆虫物种（尚有部分未能鉴定）。其中发现罕见昆虫 7 目 40 多种，有害昆虫 130 余种，有益及天敌昆虫 165 种。这些数据和影像资料的取得，将对本地区农、林生产和科学研究起到重要的基础作用。

目前，高宏颖基于广泛调查基础上的《秦皇岛地区昆虫资源调查报告》《秦皇岛有害昆虫名录》也已编辑整理完成。《秦皇岛昆虫生态图鉴》也于 2023 年年底与读者见面。

《秦皇岛昆虫生态图鉴》不仅是秦皇岛市首次全面昆虫调查的结晶，更是秦皇岛市首部有关昆虫的著作。

"穿花蛱蝶深深见，点水蜻蜓款款飞"，杜甫所描述的生态美景，正在通过秦皇岛市乃至河北省唯一一位精通

鸟类、植物、昆虫的自然达人高宏颖先生的一部部自然巨著，在我们这座有着丰富文化底蕴、山川秀美、河海灵精的美丽城市——展现！

正是高宏颖及其团队坚强的意志、忘我的精神、辛勤的汗水书写了秦皇岛的生态文明建设新篇章。他们在鸟类、植物和昆虫领域的研究成果，不仅为秦皇岛市的生态文明建设提供了有力支持，也为全国乃至全球生物多样性保护事业作出了积极贡献。

秦皇岛市观爱鸟协会科普资料
走进大学校园与祖国宝岛

2007年11月，协会志愿者代表向台北观鸟人介绍秦皇岛观鸟。

2006年秦皇岛市观（爱）鸟协会成立，为了支持协会的发展建设，2007年会长王玉臣个人出资3万元，美国铝业公司基金会捐赠2万美元，帮助协会设计、制作了第一套面向社会大众的鸟类科普推广资料，包括协会的第一本会刊《秦皇岛观鸟》、第一套秦皇岛《常见鸟类100种》宣传折页、河北省第一套湿地鸟类邮政明信片等。

2007年秋季与2008年，协会工作人员携带《秦皇岛观鸟》与《常见鸟类100种》宣传折页、湿地鸟类邮政明信片先后走进燕山大学、中国环境管理干部学院、河北科技师范学院、河北建材职业学院、海港区光明路小学等，在我市各高校与小学校园内掀起了一场观鸟、护鸟浪潮。燕山大学里仁学院的大学生还特意编排了一部情景剧，向燕山大学所有师生宣传观鸟、爱鸟理念。

2007年11月，受台北野鸟学会的邀请，协会与美铝渤海铝业公司的代表，带着《秦皇岛观鸟》《常见鸟类100种》等资料来到祖国的宝岛台湾，向台湾的观鸟、爱鸟人、团体宣传、展示秦皇岛的鸟类资源，交流、学习观鸟、爱鸟知识。

通过这些活动，秦皇岛市观爱鸟协会的鸟类科普推广资料在大学校园和社会上引起了广泛关注，不仅提高了人们对观鸟、爱鸟的认识，还促进了海峡两岸观鸟、爱鸟团体之间的交流与合作，为推动秦皇岛市乃至河北省的观鸟事业的发展作出了积极贡献。

2007年12月，协会会员乔振忠向燕山大学学生介绍秦皇岛观鸟知识。

2008 年 4 月，光明路小学的师生在东山公园学习观鸟知识。

2008 年 12 月 16 日，张继庆先生给中国台湾的萧木吉老师邮寄协会的湿地鸟类邮政明信片贺新年。

144

2012 年 6 月 1 日，志愿者在秦皇植物园内向参加活动的领导与市民发放《认识身边的鸥鸟》宣传折页。

2014 年 12 月，协会秘书长刘学忠老师在山海关老龙头小学给学生讲解会刊《观鸟中国》。

2016 年 4 月，北戴河区的老师在给学生介绍协会会刊。

2013 年 10 月，参加活动的市民与学生在秦皇岛鸟类博物馆领取《观鸟中国》与《认识身边的鸥鸟》宣传资料。

2017 年 3 月 18 日，时任秦皇岛市委书记孟祥伟与中国野生动物保护协会副秘书长王晓婷代表秦皇岛市观（爱）鸟协会名誉会长范怀良先生，向参加活动的中小学生与市民赠送范怀良先生编辑出版的鸟类摄影专业图书《我们的朋友——鸟》，向市民、学生宣传鸟类科普知识。

2017 年 3 月 18 日，北戴河国家湿地公园的专业鸟类讲解员张奕正在向小学生发放秦皇岛市观爱鸟协会名誉会长范怀良先生专为市民游客设计、制作的秦皇岛观鸟地图。

2022 年 1 月 28 日，协会志愿者与北戴河区园林局、检察院等单位的工作人员在北戴河向市民发放《秦皇岛鸥鸟手册》与任鸟飞台历、小挂历等宣传资料，宣传湿地、鸟类保护知识。

2022 年 3 月 3 日，协会志愿者与市林业局工作人员在乡村大集上向市民、百姓宣传湿地、鸟类保护知识，发放《秦皇岛鸥鸟手册》与任鸟飞台历、小挂历、新《野生动物保护法》等宣传资料。

2022 年 5 月 3 日，协会志愿者与市林业局、抚宁区自然资源和规划局的工作人员在乡村向市民、百姓发放《秦皇岛鸥鸟手册》与任鸟飞台历、小挂历、新《野生动物保护法》等宣传资料。

秦皇岛 20 年鸟类救助放飞瞬间回顾

2002 年 11 月 30 日，协会志愿者首次跟随秦皇岛野生动物救护人员来到卢龙农村救助当地百姓发现的中毒、生病的野生鸟类。

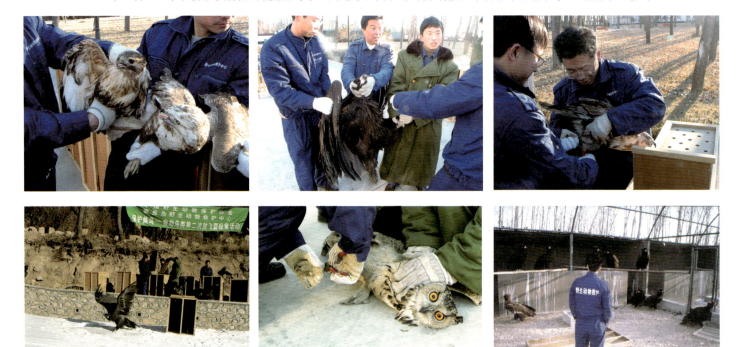

2002 年 12 月 27 日，协会志愿者与秦皇岛野生动物救护人员对救助康复的野生鸟类进行环志放飞。

2003 年秋季，协会志愿者配合秦皇岛野生动物救护中心开展国内首次大型放飞活动。

2004 年 10 月 8 日，救助放飞后落入海水中的秃鹫。

2005 年 3 月 22 日，在七里海湿地放飞救助的灰鹤。

2006 年 10 月 14 日，第一届"观鸟中国·爱心伴鸟在旅途"活动启动，秦皇岛市观（爱）鸟协会第一届会长王玉臣在北戴河湿地放飞救助的丹顶鹤。

2006 年 6 月 1 日，协会筹备组成员与秦皇岛野生动物救护中心在北戴河沿海放飞救助的疣鼻天鹅。

2007 年 3 月 15 日，协会会员与秦皇岛野生动物救护中心在七里海湿地放飞大鸨。

2008 年 10 月 19 日，协会与秦皇岛野生动物救护中心在鸟类博物馆开展大型珍爱自然、保护家园活动。

2010 年 4 月 11 日，秦皇岛市观（爱）鸟协会与秦皇岛野生动物救护中心在北戴河沿海放飞在德国环志后来我市越冬的秃鹫与灰鹤等。

2011 年 10 月 16 日，秦皇岛市观（爱）鸟协会与秦皇岛野生动物救护中心在北戴河沿海放飞白尾海雕。

2013 年 10 月 19 日，秦皇岛市观（爱）鸟协会与秦皇岛野生动物救护中心在北戴河沿海放飞雕鸮。

2014 年 6 月 19 日，秦皇岛市观（爱）鸟协会与秦皇岛野生动物救护中心、美铝渤海铝业有限公司的中外志愿者一起，在北戴河沿海放飞草原雕。

2016 年 3 月 12 日，秦皇岛市观（爱）鸟协会第二届会长宋金锁，顾问王玉臣、傅勇在山海关石河南岛放飞救助的普通鵟。

2017 年 10 月 15 日，秦皇岛市观（爱）鸟协会与北戴河区翼展鸟类救养中心联合举办"喜迎十九大　金秋任鸟飞"活动，会长宋金锁向媒体记者介绍协会参与当地鸟类保护、救助情况。

2017 年 3 月 18 日，秦皇岛市观（爱）鸟协会与秦皇岛野生动物救护中心在北戴河国家湿地公园内放飞救助的雕鸮等鸟类。

2018 年 3 月 31 日，由秦皇岛市林业局、秦皇岛市观（爱）鸟协会、秦皇岛野生动物救护中心联合举办的救助鸟类放飞活动在北戴河国家湿地公园举行。

2022 年 12 月 7 日，由秦皇岛市林业局、秦皇岛市观爱鸟协会、秦皇岛鸟类收容救助站联合放飞救助鸟类。

2023 年 4 月 7 日，由秦皇岛市林业局、秦皇岛市旅游和文化广电局、秦皇岛市观爱鸟协会、秦皇岛鸟类收容救助站等单位联合发起的国际观鸟旅游、爱心伴鸟飞翔繁殖活动在秦皇岛野生动物园广场举行。

2023 年 9 月 22 日，秦皇岛市救助野生鸟类放飞暨秋冬季迁徙鸟类护飞活动在秦皇岛抚宁区山区举行。

157